小 D 出生后没有呼吸，直接被送去抢救。我们见到她的第一面，是 NICU 医生带来的这张照片。▶

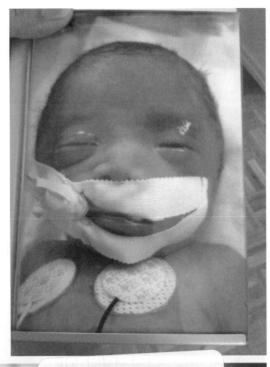

现在的小 D，她一直在慢慢走，虽然走得慢，但从未放弃过。▼

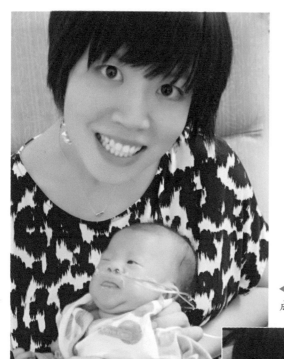

◀小 D 在 NICU 住了将近 100 天，成为"钉子户"。▼

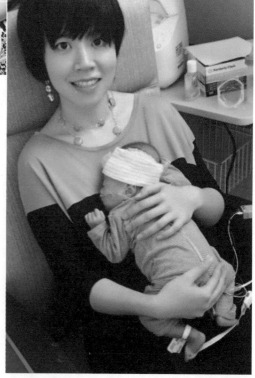

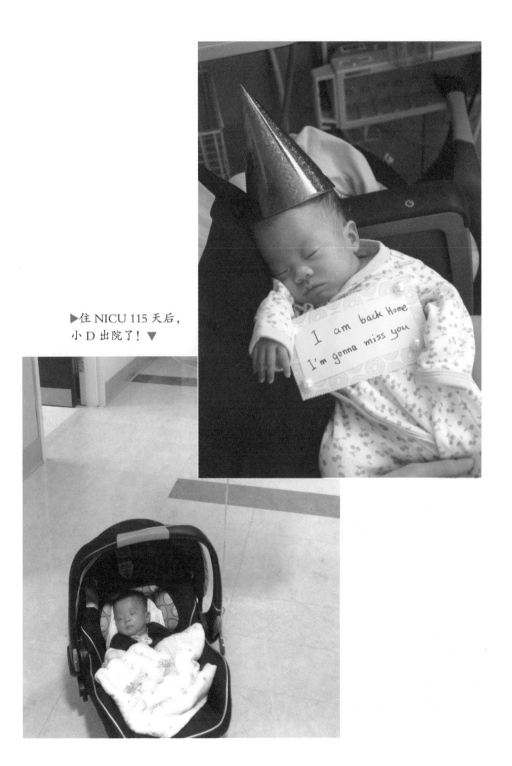

▶住 NICU 115 天后，
小 D 出院了！▼

I am back Home
I'm gonna miss you

◀回家后的第一周，我就迫不及待地给她换上漂亮的衣服进行摆拍。

回到家的小 D，每天都有特别密集的康复训练。▶

◀小 D 9 个月，模样简直就是迷你版的爸爸。

◀小 D11 个月，可以坐了，正开心地挤眉弄眼。

小 D 1 岁，但她似乎一点儿都不喜欢蛋糕。▶

◀小 D 14 个月，之前因为感统失调，她很怕摸树叶、花草，现在终于可以坐在落叶堆里玩耍了。

▼小 D 16 个月，万圣节扮成一只七星瓢虫。

小 D 20 个月，给她理了一个和我一样的发型，大家都说她像妈妈。▶

◀小 D 23 个月，非常喜欢去超市购物。

◀小 D 2 岁生日当天，
我完成了纽约的半程
马拉松赛跑。

小 D 27 个月，我们和
南瓜堆合影。▶

跟美国
儿科医生学育儿

大J◎著

中国妇女出版社

图书在版编目（CIP）数据

跟美国儿科医生学育儿 / 大J著. -- 北京：中国妇
女出版社，2017.1
ISBN 978-7-5127-1362-8

Ⅰ.①跟…　Ⅱ.①大…　Ⅲ.①婴幼儿—哺育—基本知
识　Ⅳ.①TS976.31

中国版本图书馆CIP数据核字（2016）第262614号

跟美国儿科医生学育儿

作　　者：大　J　著
责任编辑：门　莹
封面设计：尚世视觉
责任印制：王卫东
出版发行：中国妇女出版社
地　　址：北京市东城区史家胡同甲24号　　邮政编码：100010
电　　话：（010）65133160（发行部）　　65133161（邮购）
网　　址：www.womenbooks.cn
法律顾问：北京天达共和律师事务所
经　　销：各地新华书店
印　　刷：北京中科印刷有限公司
开　　本：165×235　1/16
印　　张：20.75
彩　　插：8面
字　　数：290千字
版　　次：2017年1月第1版
印　　次：2017年8月第7次
书　　号：ISBN 978-7-5127-1362-8
定　　价：48.00元

前　言

　　在我人生的前30年，我从未想到有一天自己的文字会变成铅字。我从小文笔并不好，毕业后进入一家知名外企工作，每天都用英语回复邮件和做PPT。那时的我从来不曾想过，自己会成为一个"学霸"，而且学习的内容竟然是如何育儿。

　　这一切都源自女儿小D的降临，她太着急想看这个世界了，在我怀孕28周时就早早出生了。她出生时没有自主呼吸，左右脑都严重出血。当时医生问我们是否要放弃治疗，我们说"不"。从那一刻起，我们的人生就改变了。

　　我辞职做了全职妈妈。小D肌张力异常，一开始认知、运动和语言发展都有延迟，还有很多其他问题也因为早产而被放大了。很庆幸，我们在纽约遇到了一个非常好的医疗团队。对于育儿路上的问题，我不满足于只知道答案，而是想弄清楚每个育儿结论背后的原因。我们与病魔抗争的过程，就像游戏中"打怪"的过程，把这个妖怪打跑了，下一个妖怪又来了。在我们带着小D一路"打怪"的路上，我发现自己竟然也可以和身边的父母分享育儿经验和心得了。

　　在小D1岁生日时，我写下了一篇文章《我们这一年》，当时只发在朋友圈，想告诉很多还不知道我们故事的朋友们。机缘巧合，这篇文章被一个公众号"奴隶社会"所转载，之后我们得到了很多网友的祝福，也认识了好多早产儿父母，他们告诉我，我们的故事给了他们很多鼓励。那时我第一次意识到，原来文字的力量竟然这么大，原来不需要华丽的辞藻，只要用心写，一样可以打动人。

两个月后，我创立了自己的微信公众号"大J小D"。刚开始只有几百个人关注，而且都是之前认识的早产儿妈妈们。我当时给自己定了一个小小的目标——写满20篇育儿文章。如今，这个微信公众号已经成立一年半，我写了近400篇原创育儿文章，关注我的妈妈们也达到几十万人，不仅包括早产儿妈妈，还有更多健康宝宝的妈妈和很多备孕、怀孕的朋友。

现在回想起来，觉得这一切都太不可思议。记得小D刚出生时，我每天都在哭，觉得上天不公平，为什么我的孩子是早产儿？对于我们一家三口能否挺过来，我当时完全没有信心。但是现在我们做到了！当初选择做全职妈妈时，很多人为我感到可惜，觉得我不应该在事业的上升期就这么全身而退。现在回头看这两年的生活，我觉得自己得到的比失去的要多得多。也许这就是生活的意义，每个选择都没有绝对的好与绝对的坏，踏踏实实过好当下才是根本。

我想告诉所有即将打开这本书的朋友们，请不要把这本书当成一本教科书，而是把它当成一位普通妈妈自我学习的笔记和成长经历的分享。每个人都不是天生就会当妈妈，但每个妈妈都会因为孩子的到来而变得更好。

本书的内容是我在小D身上亲身实践的经验分享，希望能带给父母们一些启发，但每个宝宝都是独一无二的，也希望父母们能够结合宝宝的实际情况灵活运用、变通处理。

大　J

2016年10月于纽约

大J是妈妈，小D是孩子，一大一小，变成了我们的主角——"大J小D"。

时光飞逝，认识大J有两年多的时间了，她从一名在海外生活和工作的普通妈妈，变成今天的网络育儿达人。她在自创的微信公众平台"大J小D"上写下一段段文字、一篇篇文章，记录下她在育儿路上的点点滴滴。她在辛苦养育孩子的同时，坚持每天更新育儿科普文章，这一点真的令我感动并为她感到骄傲。

从早期的日常育儿记录，到后来的辅食、教育等主题，"大J小D"公众号上的文章变得越来越丰富，也越来越有深度。粗略看下去，早产儿专题、养育专题、疾病专题、教育专题、运动发展专题……那些看似很大的主题，在大J的笔下都变得既短小又干练，阅读起来毫无障碍，文章的成熟度也越来越高。大J真正成长为一名红遍网络的科普达人妈妈。

本书集合了"大J小D"公众号上众多文章的一部分。细细读来，有很多精华存在其中，让妈妈们阅读起来感到既轻松又实用。比如，谈到"脑瘫"的问题时，大J巧借美国医生之口，通过几个简单的问题，便让很多事实真相浮出水面，没有过于复杂的解释，没有长篇大论的分析，轻轻松松，一目了然。又比如，在谈到孩子感冒咳嗽的问题时，她只用了三段剖析，就教会妈妈们如何观察孩子的症状、精神状态和呼吸次数，而这些正是家庭育儿观察的重点。再比如，针对感冒引起的鼻塞问题，她给出了具体的措施，比如使用吸鼻器、薄荷膏等方法，这些实用的小技巧成为很多妈妈的护理利器。

本书不仅在疾病预防方面写了很多妈妈们关心的问题，在早期教育方面，大J也为我们带来了很多美国的早教理念。比如谈到音乐早教时，我们了解到美国医生很擅长用音乐对小婴儿进行治疗，而这种音乐疗法在中国尚处在萌芽阶段。在早教班，美国早教老师的多种感知刺激，再次让我们学到了很多东西。所谓"兴趣才是最好的老师"，无论东西方，这个观点都深深刻在家长的心中。有时候，只需要一句话，便可以让家长们从烦恼中解脱。大J通过身边的一些事例，向妈妈们传达了很多科学育儿的资讯，让妈妈们从简单、朴素的道理中明白自己作为家长应该做的"正确的事"。

很庆幸，在早产儿事业的道路上，我又多了一位同行者。6年来，我在早产儿公益路上遇到了很多优秀的人，大J是海外优秀妈妈的代表。她不仅践行着科学育儿的理念，同时奉献了大量的时间和精力用来普及西方先进的育儿方法，以及推翻那些伪科学的育儿方法，真诚地感谢她为我们带来的知识的盛宴。

衷心希望这本书能为育儿道路上的你带来一丝温暖。

《早来的天使》《早产儿家庭指导手册》作者

倪明辉（小好爸）

目　录

Part 2 喂养与睡眠引导篇
——宝宝吃好、睡好，才能身体好

Part 3 辅食添加篇
——为宝宝学习吃饭打下基础

Part 4 常见疾病防治篇
——父母懂得多，宝宝生病少

Part 5 早教启蒙篇
——帮助宝宝开启最佳的人生开端

Part 6　规则与管教篇
——爱与规矩并行，让宝宝成为更好的自己

Part 7　运动发展篇
——四肢发达，头脑才会更聪明

Part 8 早产宝宝护理篇
——致早来的天使，相信奇迹会发生

Part 9 辣妈奶爸篇
——养育孩子是父母的一场修行

Part 1

日常护理篇

——给宝宝科学、周到的呵护

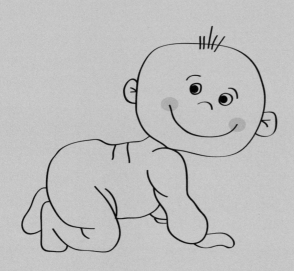

01

打造宝宝的"黄金盔甲"——免疫力

小D是早产宝宝，刚出生时，因为细菌感染连续用了5周抗生素，身体里的"好菌"基本也被杀光了。她刚出院时已经是秋天了，NICU（新生儿重症监护病房）主任特地关照说，小D本来就早产，加上用了抗生素，免疫力会非常弱，让我们格外留心第一年的冬天。

于是，对于如何提高宝宝免疫力，成为我每次去看儿科医生以及回NICU随访时必谈的话题。如今两年多过去了，总体来说，小D的体质还不错，没怎么生病，也特别能适应天气的变化。下面就和大家分享一下我这两年来的育儿心得。

免疫力到底是什么

关于免疫力，我打个比方。我初中时特别爱看《圣斗士星矢》，其实免疫力就像圣斗士的盔甲一样，每个宝宝生下来都自带一副盔甲，有些宝宝的盔甲是"青铜"的，有些宝宝的盔甲是"纸质"的（比如小D）。父母需要做的就是不管宝宝的起点如何，都可以帮助宝宝打造一副"黄金盔甲"，只有这样才能保护自己，打击"敌人"。

那么，该如何打造宝宝的"黄金盔甲"呢？回想《圣斗士星矢》这部剧，主人公打造黄金盔甲主要有两种途径：一种是自己在家修炼升级；另一种是通过向他人挑战来提升自己。其实，提高免疫力也是通过这两种方式进行的。

做好三点，"在家修炼"

▌母乳喂养▌

母乳中含有丰富的抗体，可以提高宝宝的免疫力。妈妈的乳房在产后最初几天产生的黄黄的液体，叫作"初乳"。较之普通的母乳，初乳当中含有的抗体更加多样，营养也更加丰富，对新生儿来说是非常有益的，一定要给宝宝吃。有一种观点认为，到宝宝半岁或1岁之后，母乳就没有营养了，需要给宝宝添加配方奶。这种观点是错误的，在宝宝断奶之前，母乳是宝宝最好的营养来源。美国儿科学会建议，纯母乳喂养至宝宝6个月大，随后应配合辅食继续喂母乳，根据妈妈和婴儿双方的需要，可喂养至宝宝1岁或更久，以保证宝宝从妈妈那里获得足够的抗体。

▌均衡饮食，多吃水果和蔬菜▌

美国的儿科医生不建议盲目给宝宝添加营养补充剂，而是建议通过营养膳食来增强宝宝的抵抗力。其中，要额外注意补充草莓、橘子、萝卜、青豆等富含维生素C的水果和蔬菜。1岁以后的宝宝每天需要吃5份水果和蔬菜（1份相当于2汤勺的量）。根据我的经验，5份相当于成人一个巴掌大小的量。学龄前的儿童每天需要保证约250克水果和蔬菜。

▌睡饱、睡好▌

长期缺乏睡眠的宝宝容易造成抵抗力差。一般而言，新生儿每天需要睡18小时左右，1岁左右的宝宝每天需要睡12～13小时，学龄前儿童每天需要睡10小时左右。如果宝宝大一些之后不再愿意睡午觉，就需要晚上提前安排他入睡。需要额外注意的是，对于3岁之前的宝宝，晚上入睡的时间最好不要超过8点，小D的儿科医生建议，3岁以后也尽量在8点之前入睡。

四大原则，"出门挑战"

▌多锻炼▐

对于1岁以内的宝宝，所谓的"锻炼"是指在醒着的时候多趴，尽量少抱宝宝，并创造条件让宝宝多动。如果有条件，每天可以带宝宝去公园呼吸一下新鲜空气，晒晒太阳。

很多父母因为担心宝宝生病，一到秋季和冬季就不敢带宝宝出门。其实这样反而不好，要想提高免疫力，带宝宝出门只是迈出了第一步。不过，在秋季和冬季流行病高发期，注意不要带宝宝去人多、密闭的场所。

▌良好的卫生习惯▐

洗手、洗手、洗手！这是最重要的家庭卫生习惯，人体的很多细菌和病毒都是通过与人接触而传染的。在接触宝宝之前，大人要记得洗手。当宝宝大一些时，活动量会增多，在宝宝活动之后，也要记得给宝宝洗手，特别是在每餐前后、出门后回家、接触过宠物之后等。

特别提醒一个细节，大人在打喷嚏时要注意避人，打完喷嚏后一定要记得洗过手再接触宝宝。这并不是限制宝宝这不能碰，那也不能碰，而是说要让宝宝养成良好的卫生习惯，以降低生病的概率。

▌谨慎使用抗生素▐

抗生素只对细菌引起的疾病有效，对于病毒引起的疾病是没有效果的，而大部分婴幼儿疾病都是由病毒引起的。父母都不忍心看到孩子生病难受，但并不是所有的病都可以使用抗生素。

长期使用抗生素会导致宝宝的身体产生抗药性，以至于连最普通的婴幼儿常见病，都可能无法使用一般的方法进行治疗。所以，如果你真的爱宝宝，当下次医生开抗生素时，不妨多问一句："是否真的有必要使用抗生素？"

▎定期接种疫苗▎

这相当于在宝宝修炼"黄金盔甲"的道路上进行额外"补血"。疫苗是帮助宝宝建立免疫防线很重要的手段，因此，定期接种很有必要。

在美国，儿科医生告诉我，宝宝出生后的免疫系统是不完善的，通过接触细菌和病毒，可以增强免疫系统。记得小D第一次发热去看医生时，医生居然说："Congratulations！ You are going to be a stronger girl.（祝贺你，你要成为一个更强壮的宝宝了。）"

大 J 特 别 提 醒

每个妈妈都舍不得让宝宝生病，但要知道，生病本身是提高宝宝免疫力的必经之路。作为父母，我们与其因为害怕宝宝生病而过度保护他，不如从源头抓起，做好以上几点，真正为宝宝打造一副坚不可摧的"黄金盔甲"。

02

天气转凉，给宝宝穿多少才正好

如何判断宝宝的冷暖

衣服最主要的功能是保暖，因此在谈宝宝应该穿多少之前，我们需要了解如何判断宝宝的冷暖。很多时候，父母习惯通过摸宝宝的手脚来判断宝宝的体温，并且常常发现宝宝的手脚微凉，然后就会不自觉地想为宝宝添加衣物。其实这是不必要的。要了解宝宝的冷暖，最好通过摸宝宝颈后的温度来判断。因为宝宝的血液循环系统还在完善当中，血液会优先供给最重要的内部器官，保证它们有足够的营养，手脚是最后被照顾到的，因此靠摸手脚来判断宝宝的冷暖是不准确的。宝宝手脚微凉的现象会持续一段时间，随着他们渐渐长大，活动量会越来越多，血液循环自然就会得到改善。

最简单的衣物添加原则

在美国，有个最基本的添加衣服原则，就是看月龄和体重。一般而言，3个月之前的小月龄宝宝，应该比大人多穿一件；3个月后的宝宝，应该比大人少穿一件。同时，需要参考宝宝的体重。有的宝宝体重偏低，身体没有太多的脂肪来保暖，就需要父母通过摸宝宝的颈后来判断冷暖，并灵活调整宝宝的衣物。

小D就是这样的瘦宝宝，她矫正3个月[1]时正好是秋末，之后的整个冬天她都比我们少穿一件衣服。这里需要额外提醒一下，虽然说宝宝该穿多少是以大人作为参照的，但有的成人本身就很怕冷，比如老人，这时就不要照搬上面的原则，而是应该适当调整，灵活处理。

给宝宝穿得过多有什么危害

研究表明，过热是导致婴儿猝死（SIDS）一个很大的原因。在进入室内或上车之后，很多父母容易忽略及时给宝宝减少衣服，从而导致宝宝过热。小月龄宝宝因过热而发生猝死的概率会更高。

阻碍宝宝的运动发展。大运动发展是宝宝能力发展非常重要的一部分，父母应该给予足够的重视。但就像大人一样，如果宝宝穿衣服过多，他们就不太愿意进行活动。很多冬天出生的宝宝容易出现大运动发展滞后的情况，其中很重要的原因就是穿得过多。

阻碍宝宝的触觉发展。宝宝刚出生时，主要是通过感官来了解这个世界的，而皮肤是宝宝最大的触觉传输渠道，如果给宝宝穿得过多，甚至包得过紧，就会抑制宝宝的触觉感知。严重的情况下，一些宝宝会出现讨厌被触摸、长大后容易打人等行为。

宝宝穿得少会被冻感冒吗

"穿得少就会冻感冒"，这曾经是我根深蒂固的观念，因为我从小就是这样被教育的。直到来美国后，我才纠正了这个观念。普通感冒是一种上呼吸道感染，是由病毒引起的，而且这类病毒种类繁多，可以通过不同的途径进行传播。

1　矫正月龄是指根据早产宝宝的预产期来计算的月龄。矫正月龄=实际月龄−早产的时间。比如，一个早产宝宝6个月大，早产了2个月，那么他的矫正月龄就是4个月。

● 空气。当周围有感冒的人咳嗽、打喷嚏或讲话时，就可能把病毒通过空气传染给宝宝；

● 直接接触。当生病的人用手接触过自己的嘴巴或鼻子后，又接触了宝宝，宝宝就容易感染病毒；

● 间接接触。一些病毒会存活在物体表面（比如玩具）几小时以上，当宝宝接触到这些表面后，就会被感染。

由此可见，感冒是由于病毒感染而不是天冷导致的。穿得少容易让身体着凉，但不一定会感冒。如果身体着凉，但有足够的抵抗力来应对病毒的入侵，就不会感冒。所以，预防感冒最重要的不是穿得多，而是要提高自身的免疫力。相反，穿得过多容易出汗，反而容易受凉，从而增加感冒的机会。

当然，如果宝宝已经表现出感冒初期的症状，比如打喷嚏、流鼻涕、咳嗽等，那么最好不要刻意让宝宝少穿衣服。但这不意味着就要穿得过多，捂汗的方法更不可取。如果宝宝已经感冒，要尽量避免他进一步着凉，因为寒冷的空气会加重感冒的症状。

宝宝冬季穿衣法则

在美国，有3个重要的冬季穿衣法则，不管是宝宝还是大人，都很适用。

▌穿得像"洋葱"▐

冬季室内外温差很大，应尽量多穿几层衣服，就像洋葱一样，最外面两层最好是开衫，以方便穿脱。到了室内或车上，即使只待10分钟，也要记得给宝宝脱掉一层衣服，以防止宝宝过热。

冬天，我通常会给小D买一件防雪服，这种衣服可以一条拉链拉到底，方便穿脱，而且防风防寒的效果比较好。外面穿上这一件，里面就可以穿得单薄一些，上车后直接拉开拉链就可以了。如果天气更冷，出门时可以在外套外面再加一条毯子。

▌戴帽子▐

在寒冷的冬天，帽子一定不能少。因为人体大部分的热量都是通过头部散发的，所以需要格外注意宝宝头部的保暖。

▌贴身的衣服要尽量透气▐

宝宝有时容易出汗，如果不及时换衣服，宝宝就会感觉不舒服。因此，宝宝贴身的衣服应该选择全棉的布料，这样在宝宝出汗时能够起到吸汗的作用。

大 J 特 别 提 醒

通常宝宝平均一年会患6次左右普通感冒，这是他们增强免疫系统的必经之路。父母与其盲目为宝宝添加过多衣物，不如从根本上提高宝宝的免疫力，为宝宝添加这件无形的"衣服"，才是保护宝宝最好的方法。

03

你带宝宝是不是带得太干净了

我有个闺蜜在加拿大，有了孩子以后，她觉得自己简直变成了有洁癖的人。带宝宝出门时，她恨不得把宝宝隔离起来，只在自家车里换尿布，坚决不用公共整理台；去餐厅吃饭时，一定要带自己的餐椅，坚决不用餐厅的；如果宝宝被人摸了小手，一定要马上去给宝宝洗手；消毒纸巾更是随时携带，把宝宝可能接触的地方统统擦一遍……

爱干净本身是好事，这是社会文明进步的体现，但"太爱干净"就会导致很多问题。

关于卫生假说

在最近十几年，患过敏、哮喘的孩子越来越多。明明环境越来越干净了，为什么过敏和哮喘的发病率反而越来越高呢？为寻找原因，美国的科学家进行了一系列调查研究，最终提出了一个观点，即"卫生假说"（hygiene hypothesis）：在幼年时期，如果孩子被过度保护，没有很多机会去接触自然环境中的寄生虫、病毒、细菌等，长大后患过敏、哮喘和其他自身免疫系统疾病的概率会高很多。

这就好像宝宝的大脑需要通过刺激来发育成熟一样，他们的免疫系统也需要通过不断地跟病毒、细菌等接触，来学习抵抗它们，从而变得更强大。

小D是早产宝宝，出生后就在NICU待了115天。在她即将出院时，我感到十分焦虑，担心她在无菌环境中待久了，回家后会不适应，所以不停地问NICU主任和护士：要怎么消毒？该注意什么？NICU主任有一句话让我印象深刻："用你的常识来判断，不要过度保护，把她当成一个正常的人来对待。"

哪些情况是"太干净"

NICU主任的话很有道理，但落实到操作层面时，我真的没少纠结过。特别是小D刚出院的前6个月，我总是给她的医生打电话，咨询很多问题。下面就和大家分享一些我以前纠结过的具体问题。

宝宝可以去户外玩土、玩水、玩沙吗

当然可以，其实这是帮助宝宝增强免疫力非常好的方法。大自然中的微生物是天然的预防针，通过和大自然的接触，宝宝的免疫系统会逐步学会如何应对外来物质，这其实是用最自然的方式来完善身体的免疫系统，增强免疫力。

事实上，多让宝宝接触大自然，不仅会增强免疫系统，还有很多其他的好处。比如，晒太阳可以补充维生素D，以促进钙的吸收；触摸大自然的草、泥土等，可以开发宝宝的触觉；每天一定量的室外活动，还能帮助宝宝形成良好的睡眠和饮食习惯。所以，妈妈们一定不要怕宝宝变脏，变脏是宝宝学习和成长的第一步，只要记得玩后及时洗手就可以了。

每次洗手都需要用除菌肥皂或洗手液吗

答案是不需要。学会与细菌、病毒等微生物共存，也是帮助宝宝建立强大免疫系统的一种方式。宝宝出生后，很多家庭都会准备一些免洗消毒液、除菌肥皂、除菌纸巾等，但这些东西其实不需要每天都使用。

保持良好的洗手习惯，用清水和普通肥皂洗手就足够了。只有在传染性疾病（比如流感、腹泻）流行时、家人生病时或者去了卫生条件特别差的地方后，才建议使用那些抗菌的产品。

每天都需要消毒奶瓶、安抚奶嘴和宝宝餐具吗

答案是不需要。第一次使用这些宝宝用具前，可以进行一次消毒，用蒸汽或热水消毒即可。之后每天只要正常清洗、晾干就可以了，不需要每天都消毒。但要注意，宝宝入口的用具在洗完后一定要晾干，因为潮湿的环境很容易滋生细菌。

需要避免人多、密集的公共场所吗

视情况而定。一般情况下，当然可以带宝宝去公共场所。但有几种情况例外：

- 宝宝生病时；
- 流行疾病高发季节；
- 早产宝宝出院后第一个月，适宜在家静养。

出门在外时，尿布台、餐椅等需要消毒吗

答案是不需要。人需要与环境中的微生物和谐共处。在幼儿早期免疫力较弱的时候，如果剥夺他们接触微生物的机会，就意味着剥夺了提升免疫力的机会。

除非是在比较落后的国家，或卫生状况特别差的情况下，否则是不需要额外消毒的。

其他需要注意的情况

写到这里，很多妈妈都会感觉以上这些很容易做到。其实带宝宝的确没那么讲究，回归到小D的NICU主任所说的话，应该把宝宝当作正常人对待。不过，还是有一些小提醒，希望可以引起父母的注意。

▌谨慎使用抗生素▐

抗生素只对细菌有作用，对病毒并没有作用。因此对于病毒引起的感冒、发热、中耳炎等小儿常见病，要谨慎使用抗生素。但如果医生已经确诊宝宝是细菌性疾病，父母就不能讳疾忌医，拒绝使用抗生素。

▌养成基本的卫生习惯▐

尽管本文的主题是说父母不要"太干净"，应该让孩子有机会接触自然界的微生物，但基本的卫生习惯还是需要注意的，因为这是保证宝宝健康的大前提。

● 勤洗手。餐前便后、出门后回家、接触过钞票或生鲜食物等之后，都需要及时洗手。

● 多开窗通风，保证无烟环境。二手烟对宝宝的健康危害非常大。

● 宝宝的餐具和大人的餐具要分开，杜绝嘴对嘴喂宝宝吃饭。大人口腔里有很多细菌，而宝宝的免疫系统还不够完善，共用餐具或嘴对嘴喂食很容易把细菌或病毒传染给宝宝。

大 J 特 别 提 醒

因为小D早产，我也有过一段有洁癖的经历。但后来发现，这种过度保护，其实已经和宝宝是否早产无关，而是每个新手妈妈的心态问题。如今回头来看，我特别想告诉各位妈妈，对于我家这样一个弱小的宝宝，我在很多方面都没有做到"太干净"，她也成长得越来越健康，正常的宝宝就更没有问题了。父母的心态放松一些，对于宝宝成长会更有利，不是吗？

04

到底要不要给宝宝把屎把尿

很多老人都习惯在宝宝很小的时候就开始把屎把尿，觉得让宝宝早早脱离尿布和纸尿裤很方便。但事实真的是这样吗？据研究发现，把屎把尿可能会导致宝宝出现程度不一的生理或心理方面的问题。

导致憋尿反射不足或者缺失

控制大小便并不是宝宝天生就会的，他们需要通过练习才能慢慢学会。宝宝到2～3岁时，尿道括约肌和肛门括约肌才会发育成熟，这是控制大小便的基础。很多父母都明白，提前练习坐对宝宝的脊椎发育不好，其实把屎把尿是在提前练习宝宝还没发育好的肌肉群，也会对宝宝造成一定的伤害。

也许有妈妈会说，我家宝宝不到6个月就可以固定时间把屎把尿了，非常省事。这是因为宝宝在经过多次强化训练后，产生了条件反射而已。他们完全不是根据尿意进行排泄，而是根据父母把屎把尿的动作或"嘘嘘"声来排泄的。这样提前训练宝宝还未发育成熟的肌肉，会导致宝宝憋尿反射不足甚至缺失，即宝宝无法根据自身需求来排泄大小便，而是靠外界的提醒来进行。

宝宝长大后容易频繁尿床

很多过早开始把屎把尿的宝宝，小的时候可以准时大小便，长大后反而很容易半夜尿床。这是因为他为憋住大小便，白天的括约肌一直处于紧张的状态，只有在晚上睡眠时才能得到放松，自然就很容易尿床。

另外，如果宝宝长大后尿床，很容易遭到父母的责怪，这又进一步增加了孩子的心理负担，从而形成一个恶性循环。

增加感染和其他问题的风险

由于小宝宝的排泄过程还没有形成规律，过早地把屎把尿，就是在训练宝宝憋住排泄物。排泄物停留在体内过久，会增加尿路感染的概率。很多时候，大人看到宝宝有拉屎的迹象就会去把，但其实宝宝并不一定想拉，结果导致把屎时间过长，这会增加长痔疮甚至脱肛的风险。此外，宝宝的髋关节还在发育当中，在把屎把尿的过程中动作稍不注意，还可能对髋关节造成伤害。

为什么美国没有把屎把尿

在美国，没有"把屎把尿"的说法。到宝宝2～3岁时，家长会对宝宝进行"如厕训练"，即教宝宝直接在座便器上进行大小便。这种做法除了可以避免上面的危害以外，还有以下好处。

┃尊重孩子┃

美国崇尚从宝宝一出生起就把他当作独立的人，因此很注重尊重孩子，保护孩子的隐私。试想，作为一个独立的人，谁愿意连自己大小便的权利都被剥夺，还要把自己最私密的部位暴露在大庭广众之下？也许有人会说，这么小的孩子什么都不懂。但我觉得，这种尊重的态度一定会对孩子产生潜移默化的影响。

┃顺势而为┃

美国有一个基本的育儿理念"when the baby gets ready"，即当宝宝准备好之后，父母再去引导他们学习新的技能，他们就会掌握得更快、更好，而且不会给宝宝带来不良的影响。如厕也是一种新技能，与其拔苗助长，不如等到宝宝生理、心理都准备好之后再进行，到时就是水到渠成的事情。

养育孩子不代表失去自我

在美国，基本上都是妈妈自己带孩子，有的妈妈一个人带两三个孩子，还照样干得井井有条。其中有一条秘籍，就是适当地"懒"。而纸尿裤就是"懒"的一大神器，父母不需要时刻保持警惕，不需要观察宝宝的神色变化，以随时准备把屎把尿，只需要给宝宝穿上纸尿裤就可以了。父母在这些日常育儿琐事上懒一些，就可以腾出更多的时间高质量地陪伴孩子，而不是每天好像都很忙，但回想起一天的经历，却没和宝宝干什么有意义的事。

也许有人会说，我们小时候都是这样把屎把尿长大的，不是也没事吗？要知道，以前把屎把尿是有客观原因的，那时纸尿裤还不流行，尿布洗起来很麻烦，自然就会找到把屎把尿这个便捷的方法。很多时候，"老办法"只是当时条件下的一种妥协，却被后来人当成了"经验"。

大 J 特 别 提 醒

把屎把尿不一定真的会对孩子造成伤害，只是存在这样的风险。但如今，养育孩子不仅要养活，还要养好。遇到养育孩子的问题，我相信每个家庭都会为孩子提供最好的条件，给孩子使用纸尿裤就能避免这种风险，何乐而不为呢？

05

宝宝夏天在家是否应该光脚

夏天来了，关于宝宝是不是应该光脚的争论又开始了。我真的不是抠门的妈妈，但小D出生至1岁半都没有鞋子，袜子也少得可怜。在美国，关于宝宝是否要穿鞋、穿袜子的问题，从儿科医生到运动康复师，答案都是一样的。

要不要穿学步鞋和袜子

关于什么时候应该穿鞋，小D的大运动康复师有明确的规定，即会走路后才能穿。这里"会走路"的定义不是指学步期的走路，而是指小D可以独立行走，不踮脚，手臂自然下垂，可以持续走上一段时间。换句话说，就是到了跟大人一样会走路的情况下才应该穿鞋。

小D的康复师跟我说，鞋子的主要功能是保护脚，学步鞋的作用不是为了帮助宝宝学习走路，而是为了保护宝宝的脚不受到伤害。即使在小D会走路之后，她仍建议我们要时不时让小D光脚在草地、地毯、木地板等不同材质的地面上走路。

而对于袜子，它的作用和手套一样，只是为了保暖，如果不冷，则能不穿就不要穿。

那么，光脚的好处到底是什么呢？作为从小被教育"寒从脚起"的我，听完小D的儿科医生和康复师的解释后，即便小D在大冬天的室内光着脚，我也可以坦然接受。

光脚能够促进宝宝的触觉开发

宝宝的感官发展很重要，是大脑发育的基础，宝宝通过五感（看、听、摸、闻、尝）来接收外界的信息，然后输入到大脑，从而促进宝宝脑部的发育，让宝宝形成对外部世界的认知。

脚上分布着很多末梢神经。和手一样，宝宝脚部的触觉也是需要开发的，需要通过接触不同材质、不同硬度的物体来进行刺激。很多人能够理解手的触觉开发的重要性，那么，开发脚的触觉有什么重要的意义吗？走路时，脚掌需要通过接触地面来向大脑输入信号，如果脚部的触觉没有得到很好的开发，信号的输入就不会很灵敏，导致的结果就是有些人成年后走路容易摔倒或被绊倒。

光脚能让宝宝养成更好的走路姿势

一开始学步时就让宝宝光脚走，宝宝会更加容易抬头挺胸，形成良好的走姿，而且也会走得更加协调。因为光脚走路时，脚掌的末梢神经可以直接感受地面，并接收到地面传来的压力，也能更好地感知地面的高低变化，并及时进行调整。如果在学步期穿鞋走路，这些感受都会受到阻隔，宝宝需要低头看地面来判断地面的变化，久而久之容易养成低头走路的习惯。

当然，这并不意味着宝宝在马路上行走时也要光着脚，但我们需要有意识地让宝宝多一些光脚的机会，让他们的脚能够自由地去感知和探索这个世界。

我有时跟小D的康复师、儿科医生和认知老师开玩笑说，你们把小D"美国化"了，这些全都不是中国传统。每次他们都会非常严肃地跟我说，我们没有把她"美国化"，只是希望她能够更好地发育。而且他们强调，这些过程都是暂时的，但得到的好处却是一辈子的。

06

为宝宝选好人生的第一双鞋

在小D快1岁半时，我带她去买了她人生的第一双鞋子。通过这趟买鞋的过程，我的收获还是很大的。我一直知道，第一双鞋子对宝宝来说很重要，对宝宝的骨骼发育和形成正确的走路姿势有很大的影响，却没想到选一双合适的鞋子会有那么多学问。

什么时候需要买第一双鞋子

在小D矫正15个月时，我为她买了第一双鞋子。很多妈妈都惊讶于小D的第一双鞋买得这么晚。因为她的大运动康复师一直强调，在她不能独立行走之前，尽量不要穿鞋子。

事实上，市面上所谓的学步鞋、机能鞋等，都不是用来帮助宝宝学习走路的，而只是起到保暖和保护的作用。尽管小D在矫正15个月时还不能完全独立行走，但由于当时天气转凉，她去公园玩的时候需要一双鞋子。不过，平时在家时，我们还是尽量不让她穿鞋。

如何选择鞋子的款式

我去买鞋时，进店后店员第一句话就问："你家宝宝走路情况怎么样？"店员之所以这样问，是因为学步期的宝宝和能够熟练地进行独立行走的宝宝，对于鞋子的要求是不一样的。这里所说的如何挑选鞋子，是针对刚会走路的宝宝而言的。比如小D，她现在还需要扶着走路，走的时候也不是很稳。为这样的宝宝挑选鞋子时要注意以下4点。

▎选透气性好、比较轻的鞋子▎

软皮或者透气性好的布鞋，都是比较好的选择。要避免选择塑料鞋子，不管它有多可爱，都不要给宝宝穿，因为塑料鞋子不透气，不利于宝宝脚部的发育。不要小看鞋子对于宝宝运动的影响，宝宝刚穿上鞋子后，你会发现她爬行和走路时都没有以前那么熟练了，因为穿鞋子后相当于在进行"负重"练习。因此，为宝宝选择一款比较轻的鞋子很重要。

▎鞋底要柔软，还要有一定的抓地能力▎

宝宝第一双鞋的鞋底需要非常柔软，最简单的测试方法是看它是否可以以任何角度随意弯曲。同时，要保证鞋底不是光面的，应该有纹路来提高防滑和抓地的功能。

▎不要买高帮的鞋子▎

高帮的鞋子是为了保护脚踝，而对于刚开始学步的宝宝来说，他们并不需要保护脚踝，相反，他们需要通过走路来锻炼和强化脚踝的力量。因此，可以等宝宝能够熟练走路后，再考虑高帮的款式。

▎选择四方、宽松型的鞋子▎

刚会走路的宝宝，脚还处在快速发育的阶段，那些过窄的鞋型不利于宝宝脚部的发育。所以，一定要选择能够让宝宝的整个脚掌完全舒展开的鞋子。因此，四方、宽松型的鞋子是比较合适的选择。

如何确定鞋子的尺码

店员提醒，妈妈最好带宝宝去店里试穿鞋子。如果实在无法去实体店试穿，就一定要掌握正确的测量方式，切忌根据宝宝的月龄选择鞋的尺码。

▌购买时间▌

不管是带宝宝去店里买鞋，还是在家自测脚的长度，都尽量选择下午进行。因为宝宝和大人一样，到了下午脚会比上午肿胀一些，以脚在下午的尺寸来选择合适的鞋子，能够避免鞋子挤脚的情况。

▌如何测量脚长▌

店员用的是测量器，直接让宝宝站在上面就可以测量，测量时一定要光脚。以前没有测量器的时候，他们就用老办法，即用一张纸和一支笔来测量。但需要注意的是，不管用什么方法测量，一定要让宝宝站着测量，而不是平躺着测量。因为躺着时，宝宝的脚掌没有受到压力，测量出来的尺寸会比站着时偏小。

▌根据光脚尺寸确定鞋码▌

此外，店员还教了我一个确定鞋码的简易方法。

凉鞋（即光脚穿的时候）：

鞋内长＝宝宝光脚脚长＋0.5厘米～1厘米

穿厚袜子的时候：

鞋内长＝宝宝光脚脚长＋1厘米～1.5厘米

根据鞋内长，就可以对照鞋码表选择最接近的鞋码。如果你家宝宝是个胖宝宝，或者脚比较胖，那么你需要在这个基础上选择大一码的鞋子。

如何衡量鞋子的舒适度

要保证选购的鞋子舒适，最关键的一点，是要保证鞋子不能过小，以免挤压宝宝娇嫩的骨骼。当然，也不要过大，以免影响宝宝走路。对于如何衡量鞋子的舒适度，店员教了我一个两步自测法。

一个指甲盖的宽度

鞋子并不是顶脚才合适，相反，穿上鞋子后需要有一定的活动空间，最简单的测试方法就是"一个指甲盖宽度"原则。宝宝试穿鞋子时，妈妈可以用大拇指从宝宝的大脚趾顶端往下压，如果大脚趾顶端距离鞋头有大约一个指甲盖的空间，就说明鞋子的鞋码是比较合适的。

按一下鞋子两边最宽的地方

宝宝试穿鞋子时，妈妈用大拇指和食指按一下鞋子最宽的地方，如果不感受到挤压，而且宝宝脚掌最宽的地方正好在鞋子最宽的地方，就说明鞋子的宽度是正好的。

小D和她的第一双鞋子磨合了很久，因为她已经习惯了光脚，对于穿鞋还是有点儿排斥。有时我想，穿鞋是不是就像成人世界里的"约束"，当孩子慢慢长大，他们也需要慢慢习惯这样的"约束"呢？如果真的是这样，那就选一双好鞋吧，至少让这样的"约束"变得温柔点儿、再温柔点儿吧！

07

宝宝什么都放嘴里吃，这样好吗

"给她买的玩具她不怎么玩，总是放在嘴里啃。"

"宝宝现在会爬了，到处乱啃，脏得不得了。"

"今天我们带宝宝去公园玩，他抓起草就往嘴里放，吓得我赶紧把他抱起来。"

……

对于这些场景，估计大家都不陌生。小D出院回家后就喜欢啃玩具，等她会爬后，几乎是爬到哪儿吃到哪儿。我一度很担心，不知道对于她这样的行为是应该鼓励还是制止。万一吃进去很多细菌怎么办呢？为此，我特地向小D的儿科医生进行了咨询，下面就来分享一下我了解到的知识。

宝宝为什么喜欢把玩具放进嘴巴里

宝宝是通过感官来发现和探索这个世界的，但刚出生的宝宝无法控制自己的头部，也不知道如何使用自己的双手，他唯一可以控制的就是嘴巴和舌头，因此嘴巴就成为他探索和了解这个世界最重要的途径，他通过嘴巴来了解物体的大小、材质和形状等。随着宝宝逐渐长大，其他的感官慢慢发展起来后，宝宝会用更多元的方式来探索周围的事物，比如用手摸、用鼻子闻等。大部分宝宝要到2岁左右才不再把东西放进嘴巴里，而是主要依靠手和其他感官来探索。

如果宝宝用嘴巴啃东西的情况突然变得频繁，可能是宝宝开始出牙的标志。出牙时，宝宝的牙龈会非常不舒服，他需要通过啃咬东西来缓解这种不适感。伴随出牙的另一个标志是流口水。如果发现这些现象，妈妈可以给宝宝准备一些磨牙棒。

可见，宝宝啃咬东西表明他开始对周围的世界感兴趣，是在用他自己的方式探索世界。探索得越多，宝宝就学得越多。所以，这个阶段是宝宝的认知和感官发展的关键期，父母不应该制止宝宝啃咬东西的行为，而是应该给宝宝提供一个安全、自由的生长环境，让宝宝尽情去探索。

为宝宝提供安全的游戏环境

小D经常玩耍的地方是客厅里的游戏垫。等她会爬之后，就经常爬出游戏垫，在客厅活动。我不赞成用围栏给小D圈出一个游戏场所，但我会趴在地上，以小D的视野按照她的路线爬一圈，以排除一些安全隐患，比如把周围坚硬的桌椅角包起来，把电源线插头罩起来，把那些零碎的杂物收拾起来，等等。

另外，如果我要离开一会儿，让小D自己玩，就会只给她比较大的玩具，这样就可以避免她因为吞咽物体而被呛到。还要保证给她的玩具没有锋利的尖角，以免划伤宝宝。父母不应该因为存在安全隐患而限制宝宝的活动，相反，应该提供一个安全的空间，让宝宝自由地探索。

宝宝不可能永远生活在一个无菌的世界里，而适度接触细菌能够帮助宝宝建立更强大的免疫系统。这是小D的儿科医生第一次见到我时说的话，那时小D刚刚从NICU出院，我恨不得把小D经过的地方都用消毒棉花擦一遍。其实在很多情况下，我并不需要过于担忧。比如，小D的一个玩具球掉到地上，她爬过去拿到后继续啃，这其实不会让她生病。小D的儿科医生反复提醒我们，宝宝是因为接触细菌和病毒才生病，而不是因为接触灰尘。在家里，只要保证正常的家庭卫生就可以了。

如果去公共场所，比如早教班、游乐场等，很多孩子会共享玩具。小D

的儿科医生建议，通常这些玩具不需要额外用消毒纸巾去擦，但回家后要记得给宝宝洗手。不过，有两种情况例外：一是在传染病高发季节，比如秋季和冬季流感期间，难免有些生病的孩子摸了玩具后又给别的宝宝玩，如果别的宝宝把玩具放进嘴里，就很容易把病毒或细菌吃进去，这时就建议先用消毒纸巾擦一下再给宝宝玩；二是如果玩具表面有非常明显的污垢，也要擦一下再给宝宝玩。

宝宝把不干净的东西放进嘴巴里怎么办

天气好时，我经常带小D去公园野餐。有一次，我看到草地上有个和小D差不多大的宝宝抓起一个垃圾袋，试图往嘴巴里放。保姆看到后，二话没说，直接把宝宝抱起来离开了。我明显看出那个宝宝有点儿被惊吓到，蒙了几秒后便大哭起来。其实宝宝的行为很好理解，他正在专心致志地探索一个新东西，突然有人冷不丁地把他抱起来，并粗鲁地带走了，他当然不高兴。

其实我也经常遇到这样的情况，不希望小D把那些不干净的东西放进嘴里。但我不会突然打断她，而是会先分散她的注意力，比如拿一个她喜欢的玩具吸引她，然后趁机把她手里的玩具拿走，之后鼓励她继续进行探索。

大J特别提醒

小D的老师曾跟我说："每个宝宝天生都有很多很好的品质，探索欲就是其中之一。但是这些品质都脆弱得像刚刚萌芽的嫩苗，一不小心，就会被踩扁。家长需要像好的园丁那样，为宝宝提供适合的土壤、充足的阳光、及时的雨露，然后要做的只是静待花开。"这段话对我影响很大，也一直督促我在育儿的道路上不断地反观自省。

08

宝宝容易受惊吓怎么办

"我家宝宝在家精神特别好，一出门就秒睡。"

"我家宝宝脾气大，特别凶，但是开门、关门都会被吓到。"

……

小D就是这样的。好长一段时间内，我都"嘲笑"她是个"小尿货"。难道宝宝真的只是胆小吗？

小D出生时是没有呼吸的，在住院期间，我特别羡慕她隔壁的小伙伴，有的比她还小，却哭声响亮。那时护士跟我说，不用羡慕，等到她真的会哭时，你说不定还会烦她呢。

果然，后来小D会哭了，而且哭声洪亮。在医院时，我刚进NICU的门就能听到她的哭声。回家后，她一哭整个楼道都能听到。后来我发现，她是个高需求的宝宝，每次哭起来都撕心裂肺，一次响过一次，仿佛在给我施加无形的压力。但就是这么个"小霸王"，却胆小得要命。有一次，我在家弄一个塑料袋，她竟然被吓哭了。后来带她出门时，她表现得很老实，要么秒睡，要么眼睛放空，一点儿声音也没有。我和老公一直没觉得有什么问题，只是开玩笑地叫她"小尿货"。后来，我无意中把这个现象告诉了小D的儿科医生，她告诉我这不是性格胆小的表现，而是表明宝宝感觉统合失调。听了她的解释，我才恍然大悟，原来自己一直在给小D乱贴标签。

什么是感觉统合失调

所谓感觉统合，是指人处理外界信息的方式是将人体器官的各部分感觉信息组合起来，经大脑统合作用，然后做出反应。感觉统合失调的宝宝，会对普通人觉得正常的外界刺激产生比较极端的反应，比如不喜欢被触摸（触觉失调），听到一点点声音就被惊吓到（听觉失调），看到繁忙的马路就会立马睡着（视觉失调），等等。

小D就是听觉和视觉有一些轻微的失调，所以她无法接受塑料袋的声音，即使一点点响声，她也会受到惊吓。出门时，外面世界有太多的刺激，她因为无法接受，就把接收外面世界的"开关"关闭，很快开始入睡。

导致感觉统合失调的原因

▌先天原因▌

早产宝宝（特别像小D这样早于32周出生的宝宝）没有经历最后那几周被拥挤的子宫和羊水紧紧包围的阶段，所以他们的感觉统合能力通常都没有发育完全。不要小看孕期最后几周子宫内拥挤包裹的状态，它能给予宝宝非常好的安全感，促进宝宝的感觉统合能力发育。同样是足月宝宝，通常顺产宝宝要比剖宫产的宝宝感觉统合能力发育得更好，因为产道的挤压也能很好地促进这方面的发育。

▌后天因素▌

宝宝刚出生时，妈妈们都会得到很多过来人的告诫："不要带出去啊，孩子那么小。""冬天病毒多，最好在家待着吧。"对于足月宝宝尚且如此，对于早产宝宝估计更是有过之而无不及。

小D出院后，我就被很多人告知：早产宝宝的第一个冬天很关键，即使是小小的感冒，足月宝宝最多一两周就会痊愈，但早产宝宝很可能会出现并发症，甚至危及性命。我听后感到非常惊慌，所以小D出生后的整个冬天我们几乎没有出门，家里来的客人也是能少则少。那段时间，白天只有我和小D在家，家里特别安静。对于小D来说，她的整个世界就是客厅和卧室，并且一直是很安静的。一旦有一些不一样的声音打破周围的宁静，即使只是塑料袋的响声，她也会被吓到。

后来我明白了，即使是对待早产宝宝，父母也不应该过度保护，而应该让宝宝接触周围环境中正常的刺激，以促使感觉统合能力的正常发育。

如何帮助感觉统合失调的宝宝

▎触觉训练——洗澡时间▎

皮肤是最大的感觉器官，很多感觉统合失调的宝宝，非常不喜欢被人触摸。小D刚出院时，完全不喜欢抚触，也不喜欢光着身子洗澡。现在回想起来，就是因为她的皮肤太敏感了，一点点外界刺激就会让她感觉不舒服。但小D喜欢听我对着她唱歌，我利用这一点，慢慢让她不排斥对皮肤的触摸。这样坚持了快3个月，小D才变得不排斥抚触。

用不同材质的毛巾擦拭宝宝的身体，也可以很好地锻炼宝宝的触觉。一开始父母可以用手温柔地抚摸宝宝的身体，慢慢地可以换成毛巾，在洗澡时配合肥皂和沐浴露交替使用，并在沐浴后对宝宝进行抚触。

▎触觉——感官玩具▎

所谓感官玩具，就是能够有效刺激某些感觉器官的玩具。目前市场上比较常见的是触觉玩具。触觉玩具包括不同材质的玩具，比如布书、毛绒玩具等，可以让宝宝适应不同类型的外界刺激。对于感觉统合失调比较严重，特别是触觉失调严重的宝宝，可以尝试触觉球，这种球既可以让宝宝抓着玩，也可以把它当成按摩球在宝宝身上滚动。这跟宝宝在康复过程中康复师用毛刷刷宝宝的身体作用是一样的，只是这种方式会更加缓和，宝宝更容易接受。

听觉——宝宝电台

音乐对宝宝大脑开发的重要性，已经被越来越多的研究所证实，其实音乐还有治疗的效果。小D在NICU期间，有个音乐康复师会根据小D的情况选一些音乐录在MP3中，放在小D的保温箱里进行播放。我记得有段时间，小D总是有呼吸暂停的现象，康复师就选取一些用风琴演奏的音乐给小D听，因为有研究表明风琴乐曲有助于顺畅呼吸。

训练宝宝听觉最简单的方法，就是选择一个宝宝电台，让宝宝醒着的时候有音乐陪伴。播放内容可以是古典音乐和宝宝童谣，也可以是英文童谣。

视觉——绘本

刚出生的宝宝视力较差，只能看见黑白两种颜色。很多父母在宝宝一出生时都会买黑白卡给宝宝看，但等宝宝慢慢长大后却没有意识再进一步刺激宝宝的视觉。刺激视觉发展的方法之一，就是亲子共读绘本，让宝宝看着绘本，把各种各样的绘本读给宝宝听，既能增进亲子感情，也能促进宝宝视觉和认知的发展。

平衡感——宝宝飞

通常由于平衡感不好而导致感统失调的宝宝，会非常排斥动态的动作，有时一点很小的移动，也会让他们受到惊吓。以下这两个游戏可以很好地帮助宝宝锻炼内庭，但要注意，做这些游戏的前提是宝宝可以很好地控制自己头部（一般在宝宝3个月以后）。

游戏一：大人扶住宝宝的腋下，把宝宝往上举，往下放，还可以举起来转圈。做这个游戏的时候，父母可以配合动作跟宝宝说"往上""往下""转圈""我们飞起来了",让宝宝接收到我们的语言,明白这是父母在和自己做游戏。

　　游戏二:让宝宝坐在大人的腿上,大人上下抬腿,宝宝像在骑马一样。跟小D做这个游戏时,如果我要把她递给老公,就会把她横过来,然后说:"飞啦,飞到爸爸那儿去!"

大J特别提醒

　　这些方法做起来并不难,一旦形成习惯,就成为生活的一部分,能够帮助宝宝更好地发展感觉统合系统。

09

到底该不该用安抚奶嘴

安抚奶嘴是很多新手父母的哄娃神器，宝宝大哭时，一塞秒停；宝宝想睡觉时，一塞秒睡。尽管如此，不少父母还是有点儿纠结，安抚奶嘴到底好不好？网络上评价不一，我到底该相信哪一方？

在美国，走在任何地方，几乎每个婴儿的嘴巴里都有安抚奶嘴。婴儿车、尿布包和安抚奶嘴是宝宝出行的三大标配，难道美国人没有顾虑吗？还是美国妈妈只图自己方便，而不管是否会对宝宝产生不良的影响？

安抚奶嘴的好处

我第一次带小D去见儿科医生时，就向她咨询了这个问题。医生说，在宝宝6个月之前使用安抚奶嘴是没有问题的，而且从一定程度上来说还是有好处的。

满足吮吸需求

宝宝出生后的前6个月，有非常强烈的吮吸需求。有些宝宝通过吸奶就可以得到满足，但有些宝宝的吮吸需求特别高，即使肚子已经饱了，还是想吮吸。这时引进安抚奶嘴就能满足宝宝的需求，还可以防止过度喂养。

防止新生儿睡眠猝死

宝宝出生后的前6个月，是新生儿睡眠猝死的高发期。尽管医生没有告诉我到底为什么安抚奶嘴可以降低猝死，但有研究证实，在睡觉时使用安抚奶嘴，可以把新生儿睡眠猝死率降低至少一半。

戒安抚奶嘴比戒吃手指容易

前面提到过，宝宝在出生后的前6个月，吮吸需求很高，有些宝宝因为没有得到大人的正确引导而变得非常爱吃手。研究发现，吃手一旦上瘾，不仅非常难戒，而且对于牙齿的危害也非常大。所以，如果你发现自己的宝宝非常爱吃手，是时候考虑引进安抚奶嘴了。

锻炼吮吸能力

小D因为是早产宝宝，吮吸能力一直比较弱，具体来说，就是含乳、密闭、吮吸力都很弱，呼吸配合也不好。在正常的喝奶之外，喂养康复师建议让她多使用安抚奶嘴，因为它能够帮助小D锻炼吮吸力。

安抚奶嘴的弊端

增加患中耳炎的概率

使用安抚奶嘴会大大增加宝宝患中耳炎的概率。但在宝宝出生后前6个月，患中耳炎的概率非常低，而这段时间又是宝宝吮吸需求最高的时期，所以在前6个月使用安抚奶嘴基本上不会引起中耳炎。对于容易患中耳炎的宝宝，建议6个月以后慢慢减少安抚奶嘴的使用频率，直到完全戒除为止。

可能影响母乳喂养

以前有理论指出，过早引进安抚奶嘴会引起乳头混淆，如今这个理论已经不成立了，但美国儿科学会还是建议，等宝宝能够规律地吸奶，并且妈妈的乳汁供应量稳定之后（通常是宝宝满1个月以后），再使用安抚奶嘴。

▌对牙齿有不良的影响▐

很多父母担心使用安抚奶嘴会对牙齿产生不良的影响。关于这一点，美国儿童牙医指出，在2岁前，任何由于使用安抚奶嘴引起的牙齿问题，在停止使用6个月后都可以自我矫正。

看来6个月是宝宝是否应该使用安抚奶嘴的分水岭。如果宝宝之前已经习惯了使用安抚奶嘴，6个月后还可能戒掉吗？这也是我所担心的问题。当我问小D的儿科医生时，她反问我："这就好比用奶瓶喝奶，你会顾虑她能否戒掉奶瓶吗？你不会因为怕戒不掉而不给她使用，对吗？更何况还有很多非常成熟的戒奶嘴的方法可以尝试。"

正确看待安抚奶嘴的作用

首先，越早戒奶嘴越好。从宝宝6个月开始，就要有意识地减少奶嘴的使用频率。6个月以后的宝宝，已经有能力用其他手段进行自我安抚和自我入睡了，所以父母不用像以前那样频繁地让宝宝使用安抚奶嘴，可以每天控制宝宝使用奶嘴的时间，这是最有效也最温和的戒奶嘴方法。在小D矫正5个月左右，我开始慢慢控制奶嘴的使用时间，每天减少一点点使用时间，她并没有很抗拒，结果不知不觉，在她矫正9个月时就不再需要奶嘴了。

其次，如果你的宝宝已经超过1岁甚至更大，戒奶嘴就会变得比较困难。美国儿科医生建议，千万不要把戒奶嘴变成一场父母和宝宝之间的战争，而是要用适当的方法去引导。

● 延迟响应。每次宝宝哭闹时，不要第一时间就往宝宝嘴里塞奶嘴。可以稍微等一下，先用其他东西分散他的注意力，再看他是否还需要安抚奶嘴。

● 把奶嘴变得难吃。在安抚奶嘴上涂一些味道不好的食物，比如洋葱汁、柠檬汁等可食用但味道比较"糟糕"的食物，可以让宝宝减少使用奶嘴的频率。

● "奶嘴仙女"的童话。这个方法适用于比较大的孩子。如果你的宝宝能够听懂简单的故事，你可以准备一个盒子，把他所有的安抚奶嘴放进这个盒子里，然后告诉他："现在奶嘴仙女想把这些奶嘴带回家，因为它们已经丢失好久了。但奶嘴仙女说，为了感谢你，她愿意为你准备一份你特别想要的礼物。"然后，可以为孩子准备一个玩具等其他东西。这在美国是非常有效的方法，好多孩子都知道"奶嘴仙女"的故事。

● 持续地戒奶嘴。宝宝1岁以后戒奶嘴会比较困难，不过一旦你准备开始戒奶嘴，就要持续进行下去，而且需要所有家庭成员态度一致。

宝宝的发展其实就是这样的，他们需要慢慢学会和适应很多东西，然后又需要放弃一些以前学会的东西，使用更新的技能，这是他们发展的必经过程，使用安抚奶嘴只是其中的一个环节。

大 J 特 别 提 醒

是否给宝宝使用安抚奶嘴，是每对父母的自由选择，但在给宝宝使用之前，我们需要清楚地知道它的利和弊。这样即使给宝宝使用，我们也不会心存疑虑，并且能够把握使用的度，以免对宝宝造成不良的影响。

10

宝宝爱吃手，到底该不该制止

宝宝为什么爱吃手

宝宝的吮吸欲望是天生的，很多宝宝在妈妈肚子里就开始吃手。6个月以前的宝宝有非常强烈的吮吸需求，有的宝宝通过喝奶就能得到满足，但有的宝宝吮吸需求特别高，即使肚子饱了，他们还想吮吸。看到宝宝啃手指，妈妈们首先要考虑宝宝是不是饿了。如果宝宝刚吃饱就开始吃手，很可能是因为宝宝的吮吸需求没有得到满足。

宝宝在6个月以后吮吸需求会逐渐减弱，如果这时宝宝还喜欢啃手指，很可能是在探索自己的身体。刚出生的宝宝没有意识到自己有手和脚，有时小月龄宝宝甚至还会被自己的手打到而吓醒。宝宝慢慢长大后，才意识到原来自己身上有一个非常好玩的"东西"——手，于是就开始饶有兴趣地通过啃咬、吮吸来探索它。

吃手的宝宝不一定正在出牙，但出牙期的宝宝会更加频繁地吃手。如果你发现宝宝变得有些烦躁，口水增多，爱咬东西（包括自己的手），甚至还会出现睡眠倒退，说明宝宝正在出牙。这时妈妈可以提供一些磨牙棒，帮助宝宝度过这段不适期。

1岁以后，宝宝对自己的身体有了更好的控制，也掌握了更多探索这个世界的技能，而不仅仅是通过嘴巴去探索。因此，如果1岁后宝宝还在频繁吃手，大多数情况都是由于心理原因。最常见的原因是宝宝感到无聊，比如，我们常常看到一些宝宝坐在婴儿推车上啃着手发呆。还有一个常见的原因是自我安抚，有些宝宝到了陌生环境容易感到紧张，会不自觉地通过吃手来缓解这种压力，因为这会让他们想起喝奶的感觉，具有安抚自己的作用。

什么时候需要制止宝宝吃手

总体而言，宝宝吃手是非常正常的现象，也是每个宝宝成长的必经之路，是宝宝通过感官来探索、发现自己的身体和学会自我安抚的方式。那么，在什么情况下需要让宝宝戒掉吃手的习惯呢？有两个关键词："频繁"和"1岁以后"。

如果宝宝吃手纯粹是为了探索，那么对于手的探索和对其他事物的探索应该是一样的，大人不应该盲目去制止。也就是说，如果宝宝在1岁内不仅吃手，还会啃玩具和家里的其他小物品，你就不需要担心；但如果宝宝只爱吃手，而且白天、晚上都在吃，这时你就需要引起注意。上面提到过，1岁以后宝宝的各方面能力都有了很好的发展，这时不该只依赖于吃手来探索和自我安抚。尤其是当宝宝的大部分乳牙都长出来以后还频繁吃手，会造成牙齿排列不齐，影响咬合。有的大孩子由于迷恋吃手还会咬破指甲，引起感染。这种情况下，父母就要运用适当的方法进行制止。

如何帮助宝宝戒掉吃手的习惯

▎不简单粗暴地制止▎

大人要明白，宝宝吃手一定是有生理或心理方面的需要，千万不要简单粗暴地去制止宝宝。记得小时候，表姐很喜欢吃手，外婆看到一次打一次，还在表姐手上涂黄连水，但这些方法都无法阻止她吃手，而且她越吃越厉害。要知道，孩子的好奇心比大人强烈得多，大人越阻止的事情，孩子就越容易因为好奇而想去尝试。所以，要想顺利帮助宝宝戒掉吃手，父母首先要做的就是态度平和，不要过于紧张。其实如果大人不干预，大部分宝宝在1岁前都会自己停止吃手，但由于一些父母过于重视这件事，反而在无形中强化了这个习惯。

分散宝宝的注意力，适当引进其他替代物

对于宝宝1岁前频繁吃手的问题，美国的主流观点是引进安抚奶嘴。有研究表明，戒安抚奶嘴要比戒吃手容易得多。

如果宝宝1岁后还频繁吃手，父母需要耐心分析宝宝吃手的原因，然后根据原因进行疏导。比如，如果是因为坐车无聊而吃手，大人可以引导孩子做游戏、唱歌等，让孩子的手腾出来做其他的事情；如果宝宝是因为想自我安抚而吃手，大人就需要对宝宝的情绪进行及时反馈，也可以给宝宝一个安抚玩具等，通过其他途径来安抚宝宝。总之，1岁以后的宝宝仍吃手，不像1岁以内的宝宝吃手那么简单，如果想让宝宝戒掉，就一定要从源头找到原因，帮助宝宝进行疏导。

进行正面强化

引导宝宝戒掉吃手时，要多进行正面强化，即强化好的方面，而不是惩罚坏的方面。尽量不要说"不要吃手"，因为对宝宝来说，他不会听到"不要"，反而记住了"吃手"。也不要恐吓或教训宝宝"再吃，就把你嘴巴缝起来"，这样非但没有用，反而可能对宝宝的心灵造成伤害。正确的做法是见到宝宝吃手时，先做一次深呼吸，让自己平静下来，然后分散宝宝的注意力，引导他做别的事（如玩玩具、唱歌、读绘本等），并夸奖宝宝这件事做得好，这才是正面强化的方式。

大 J 特 别 提 醒

宝宝长期吃手的确是一个问题，但父母更要记住，我们的目的是帮助宝宝更好地成长，千万不要因为过于关注这件事而不讲究方式方法，反而对宝宝的身心带来不良的影响，这样就得不偿失了。

11

用对方法，让刷牙不再是战争

好朋友发来消息询问，她家快1岁半的宝宝总是有口气，闻起来酸酸的，问我怎么回事。我询问了一下宝宝的口腔清洁习惯，好朋友说，宝宝很不爱刷牙，每次刷牙最多几秒钟就刷完了。我说，这就找到问题的原因了。下面就来讨论如何引导宝宝做好口腔清洁。

宝宝口腔护理的要点

● 乳牙和恒牙同样重要，乳牙有帮助咀嚼和发音的功能，还有给恒牙保留空间的作用。因此，保护宝宝的乳牙很重要。

● 宝宝出生后，大人可以用干净的湿纱布包裹在手指上来清洁宝宝的牙床，这样可以让宝宝从小适应口腔护理。

● 宝宝长出第一颗牙齿后，大人可以帮他进行早、晚刷牙。由于这个阶段的宝宝还不会把嘴里的牙膏泡泡吐出来，因此3岁前的宝宝每次刷牙时使用的牙膏量应该不超过米粒大小。

● 3岁以后，宝宝每次应使用豌豆大小的含氟牙膏，早、晚各刷一次牙，也可以使用牙线帮助宝宝清理食物残渣。

小D没出牙之前，我一直是用纱布帮她进行口腔清洁，但这样的习惯并没有让她轻松地配合我给她刷牙。刚开始刷牙时，她每次都嗷嗷乱嚎，拼命想逃，每天刷牙就像打仗一样，而真正的刷牙时间其实只有几秒。第一次去看牙医时，我向牙医哭诉给宝宝刷牙太难了，牙医跟我分享了一些经验。后来经过实践，我也积累了一些心得，下面就来分享一下。

端正心态

有些事情宝宝一开始不乐意做，但对宝宝又是有好处的，对于这类事情，即使艰难，父母也要坚持做，不能因为宝宝不配合就轻易放弃。刷牙就是其中之一，类似的事情还有坐安全座椅等。但要注意讲究策略，把刷牙这个大目标拆分成不同阶段的几个小目标，关注阶段性结果，一点点让宝宝配合。

我为小D建立的三步目标

● 张嘴，允许我把牙刷放进她的嘴里。这一步是关键，这一步做好了，后面就容易事半功倍。

● 允许牙刷在嘴里保持一段时间，至少可以刷牙几秒钟。

● 逐步增加刷牙时间，从几秒到十几秒，再到1分钟，最终可以做到每边刷30秒，一共刷满2分钟。

那么，我是如何一步一步完成这些目标的呢？

模仿（出第一颗牙～矫正13个月）

宝宝天生爱模仿大人，宝宝出第一颗牙的时间一般在6个月～1岁，这个年龄段宝宝的模仿欲望很强，还很喜欢做"大人"的感觉。大人应该充分利用宝宝的这个特点，引导宝宝养成刷牙的习惯。

小D一开始排斥刷牙时，我总是先把她压住，再用牙刷"撬开"她的嘴巴，结果却导致她更排斥刷牙，每天刷牙像在打仗一样。后来我调整了策略，和她玩刷牙的游戏。我和她各拿一把牙刷，我示范给她看自己是怎么刷牙的。玩了几次以后，小D开始把牙刷放进嘴巴里乱啃。后来，我们又玩互相刷牙的游戏，我让她拿着我的牙刷帮我刷，我也拿着她的牙刷帮她刷。当小D愿意和我玩互相刷牙的游戏时，就意味着她不再排斥我拿着牙刷放进她嘴巴了。一开始玩游戏的时候不需要使用牙膏，关键是让孩子接受牙刷和刷牙的过程。

需要提醒的是，大人和孩子的牙刷一定要严格分开，即使是做刷牙游戏，也不能让宝宝接触大人的牙刷，以免将大人牙刷上的细菌传染给宝宝。

阶段性成果：刷牙不再像打仗一样，每天一到刷牙时间，我和小D一人拿一把牙刷，她帮我刷，我帮她刷。但刷牙的时间很短，从一开始的刷几下，到后来最长也只有大概30秒。

照镜子（矫正13个月～矫正16个月）

为延长小D的有效刷牙时间，我们试过很多方法，其中最有效的是照镜子。有一次，我们在刷牙时，旁边放着一面婴儿安全镜，我心血来潮想让她照镜子看自己刷牙时的样子。没想到小D非常感兴趣，她自己拿着镜子，我顺势指给她看自己的牙齿，顺便让牙刷"亲亲"她的牙齿（这样牙膏就可以沾到牙齿上）。然后，我一边刷，一边给她唱我自编的刷牙歌："上牙刷刷刷，下牙刷刷刷，左边刷刷刷，右边刷刷刷，牙齿白又白，吃饭胃口好。"就这样，不知不觉就完成了整个口腔的清洁，小D全程竟然表现得非常有耐心。后来，我们就一直保留着刷牙照镜子和唱歌的习惯，每次刷完，我就亲她一下，并和她一起鼓掌，以此来正面强化这个好习惯。

阶段性成果：刷牙时间延长至1分钟左右，整个口腔都可以刷到，但离牙医的要求，即"每边刷30秒，一共刷2分钟"还有一段距离。

讲故事（矫正16个月至今）

对于"如何让宝宝爱上刷牙"这个问题，很多科普文章都会推荐借助刷牙绘本，但根据我自己的经验，刷牙绘本对小月龄宝宝的作用并不大。绘本的作用是树立一个正面的榜样，但绘本能够起作用的前提是宝宝具有一定的理解能力。不要小看那些卡通人物，他们是宝宝眼里的"明星"，随着宝宝慢慢长大，这些"明星"的影响力会越来越大。

其他一些小方法

每个宝宝都是不同的，父母可以多尝试，找到自己的宝宝容易接受的方法。

●选择好玩的牙刷。可以带宝宝去商场，让他选一款自己喜欢的牙刷。需要提醒的是，一定要选择软毛、小头的宝宝牙刷，这样才能彻底清洁牙齿，又不会伤害宝宝的牙龈。

●选择好闻的含氟牙膏。宝宝的牙膏最好选择水果味道的，不要选择大人习惯用的薄荷等过重的味道。小D很喜欢一款西瓜口味的牙膏，刷牙前我会让她先闻闻牙膏的味道，对刷牙形成一种期待。

●借助手机、iPad、刷牙视频等。由于我坚持在2岁前不让宝宝看视频，所以我并没有尝试过这种方法。从其他妈妈的反应来看，这个方法还是很有效的，所以我也列了出来。育儿是很私人的问题，选择哪种方法完全取决于父母自己。

●借助"权威"的力量。美国建议宝宝出牙后就要定期看牙医，之后一年需要看3~4次牙医。其实这个年龄段的宝宝看牙医，通常没有什么治疗的过程，关键是让宝宝熟悉牙医，不害怕让牙医看牙齿。同时，孩子也会更加容易接受牙医这个"权威"的影响。

大J特别提醒

几乎没有宝宝一开始就会乖乖配合大人刷牙，但帮助宝宝维护口腔卫生，能够给他一副健康洁白的牙齿，这是对孩子最好的爱。因此，对于宝宝刷牙这件事，父母既要坚持原则，又要讲究方法，让宝宝从小养成清洁口腔的好习惯。

12

为宝宝塑造漂亮的头形

小D刚刚从NICU回家时，她的头形非常滑稽，左右不对称，右边是平的，后脑勺又是尖的。我一直很担心她的头形，不过我知道在美国可以通过戴头盔来矫正头形。第一次带她去看儿科医生时，我就询问了关于头形和矫正头盔的问题。如今，小D的头形已经很正常了。其实，小D并没有戴头盔，也没有用定型枕，那么她的头形是怎么变正常的呢?

宝宝为什么会出现偏头

宝宝的头顶和后脑处分别有一个软软的地方，医学上叫"囟门"，存在囟门说明宝宝的头骨没有完全闭合。此时他们的头骨还很软，有很强的可塑性。

宝宝出现偏头既有先天的原因，也有后天的原因。先天的原因通常只占一小部分，即由于宝宝出生时被产道挤压，或出生时医生使用产钳所致。大部分宝宝出现偏头都是后天导致的，即出生后习惯性地只朝身体的某一侧睡觉。小D就是典型的后天原因导致的偏头。她在NICU时，由于大部分医生和护士都习惯让她的脸朝右，久而久之，她头的右边就变平了。再加上她戴呼吸机的时间比较长，所以她的整个头形被拉得很长。

如何检查宝宝的头形

矫正偏头的黄金时期是宝宝出生后6个月以内。6个月以后，只要宝宝的头骨还没有完全闭合，还是有机会进行矫正的。一旦囟门闭合，宝宝的头形就定型了。所以，父母平时在家要经常检查宝宝的头形，问题发现得越早，就越容易矫正。最简单的一个检查方法，就是从上往下看宝宝的头形，用这种方法很容易看出宝宝的头形是否对称、是否圆润。

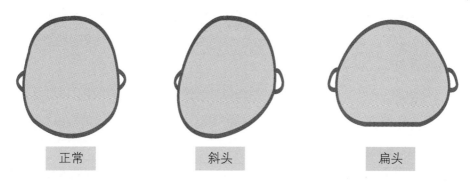

| 正常 | 斜头 | 扁头 |

小D的儿科医生跟我说，偏头是不影响宝宝脑部发育的，只影响美观。但好消息是，由于婴儿头骨的可塑性，大部分新生儿出现的头形问题，都可以通过后天的纠正得到解决。所以，小D的儿科医生建议我们先不要着急去做矫正头盔，先用一些日常方法看是不是有效。事实证明，儿科医生提供的这些方法非常有效，让小D免去了不必要的痛苦。

尽量让宝宝多趴着

宝宝刚出生时头颈是软的，完全没有控制力量。如果宝宝的头形恰巧又不平，他自然就会倾向于将平的那边贴着床，结果就形成恶性循环，越躺就导致一边越平。所以，小D的儿科医生建议让她醒着时多趴。在美国，宝宝一出生，医生就会建议让他多趴，因为趴能很好地预防和矫正偏头，只要醒着就可以进行，一开始短时多次，让宝宝慢慢适应。

调整睡觉姿势

刚出生的小宝宝，一天中的大部分时间都在睡觉，要抓住他们睡觉的机会调整头部的方向。小D睡觉时喜欢右侧睡（平的那边朝下），白天每次睡觉时，我们就让她轮流换边睡。为此，我们还在小D的婴儿床架上夹一个夹子，每次她的脸哪个方向睡，我们就把夹子放在相同的方向，这样就非常方便我们记录，下次睡觉时就可以换另外一边。需要特别强调的是，宝宝睡觉的姿势一定要仰卧，特别是还不会翻身的宝宝，仰卧能够最大程度地降低睡眠窒息的风险。

注意抱宝宝的姿势

我和老公抱小D时都习惯让她靠在我们的右手或者右肩，这其实进一步强化了她喜欢将头部右侧的习惯。儿科医生指出这个问题后，我们就有意识地多用左手抱她。小D被抱着时很喜欢和大人玩，我们利用这一点，尽量从左边逗她玩，她自然更有动力转向原本不喜欢的那边。在小D醒着时，我们也会让她侧卧在不喜欢的那边，逗她玩。喂奶和换尿布时，我们也注意经常换边。总而言之，就是利用一切机会，让宝宝的头部多侧向他平时用得少的那边。

尝试颈部拉伸

导致宝宝偏头还有一个更深层次的原因是斜颈，即宝宝的一边颈部肌肉僵硬，因此无法让头部转向这边。斜颈确认是需要专业医生或康复师进行的。治疗斜颈最好的方法就是拉伸。小D没有斜颈，但的确右边（用得少的那边）的颈部肌肉比较紧，所以儿科医生建议我们每天在小D醒着的时候，让她平躺，用手轻轻地将她的头转向左边，然后用手压住停留几秒。注意手法一定要轻，宝宝如果哭了就马上停止。为了让小D配合，我会一边转她的头，一边对她唱歌或讲故事来分散她的注意力。

使用矫正头盔

小D并没有使用矫正头盔，她通过上面这些方法，大概到矫正6个月的时候，头形已经变正常了。在美国，通过这些保守方法的尝试，如果宝宝4个月时头形还没有显著变化，医生就会开处方让宝宝戴矫正头盔。这种头盔是需要定制的，它会根据每个宝宝的头形和需要矫正的方向进行设计，原理就是通过头盔内部的形状来抑制或促进头部相应部位的生长，最终让头形变成理想的形状。宝宝刚戴这种头盔时会觉得不舒服，而且佩戴时间也很长，一天需要戴满23小时，并连续戴几个月。

新生儿偏头只要发现得早，并及时使用以上方法进行矫正，大部分都可以自行矫正过来而无须佩戴头盔，这也是美国大部分儿科医生不会一开始就建议使用矫正头盔的原因。

关于定型枕头

美国儿科学会建议，不要给1岁以内的婴儿使用枕头，也没有必要使用定型枕头来防止宝宝扁头，只需要让宝宝多趴就可以了。如果你坚持让宝宝使用定型枕头，请一定要在大人的监视下进行，以防闷到宝宝导致睡眠窒息。

大 J 特 别 提 醒

记得第一次听小D的儿科医生给出这些建议时，我也心存疑惑，不戴头盔、不用定型枕，真的可以矫正偏头吗？没想到半年后，小D的头形真的变正常了。说到底，这些方法没有什么神奇之处，需要的是父母的坚持和耐心。

13

宝宝到底需要枕头吗

枕头真的可以让宝宝睡觉更舒服吗

回答这个问题前，我们需要先了解一下为什么枕头会让成人觉得睡觉更舒服。成人的颈椎有自然生理弯曲，叫颈曲。当我们平躺时，因为颈曲的关系，头、颈和脊椎无法处于同一个平面，长此以往就会给颈部带来压力，从而出现颈部和背部肌肉僵硬。枕头的作用就是支撑颈曲，帮助头、颈和脊椎处于同一个平面，以缓解颈部的压力。这就是为什么枕头不能太高也不能太低，而要恰好适合颈曲的弧度。下图示范了什么样的枕头才是合适的。

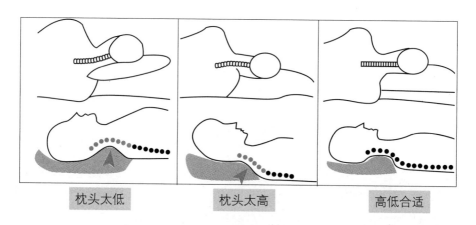

| 枕头太低 | 枕头太高 | 高低合适 |

可见，所谓"枕头让睡觉时更舒服"的原因是我们存在颈曲。但宝宝是没有颈曲的。从下图可以看出，孩子到4岁时才会出现一点颈曲，几乎可以忽略不计。因此，所谓"让睡觉更舒服"对于小宝宝来说根本就没有这个需

要，完全是大人的一厢情愿。而且对于宝宝来说，平躺反而是最舒服的，平躺能保证头、颈和脊椎处于同一个平面上，能最大程度地减少颈部的压力。

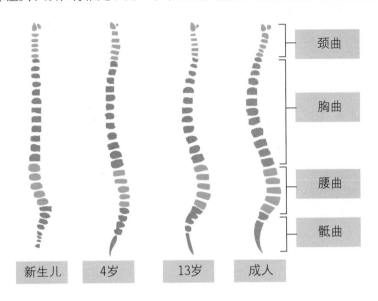

宝宝头形有点儿偏，是否应该用枕头来定型

前面提到过，对于偏头的宝宝，只要锻炼宝宝对于头部的控制，注意调整宝宝的睡觉姿势，注意抱宝宝时的姿势，并进行颈部的适当拉伸，就能得到矫正。

宝宝出现偏头，很多家长会给宝宝买定型枕。其实定型枕只能起到心理安慰的作用，不但对偏头没有帮助，还会增加宝宝睡眠窒息的风险。偏头常见于小月龄宝宝，而对于小月龄宝宝，尤其是4个月以下还不能自如翻身的宝宝，枕头很容易捂住宝宝的鼻子，造成睡眠窒息。

宝宝到底什么时候才需要枕头

事实上，只要孩子不提起，大人就不需要给他准备枕头。但孩子天生爱模仿，很多孩子到了学龄前，看到大人睡在枕头上，也会提出要一个枕头。这时，我们就可以给孩子准备他的第一个枕头，但购买时需要注意以下问题。

▎软硬度▎

要为孩子选择一款偏硬但仍然舒适的枕头。太软的枕头，即使是学龄前儿童使用，也容易让孩子的头部陷进去，从而增加窒息的风险。检测软硬度最简单的方法，就是按压一下枕头，如果枕头凹陷后很久才复原，就说明枕头太软不适合给孩子用。

▎尺寸▎

宝宝的第一个枕头一定不能太大、太高，最好是小小的、扁扁的，小尺寸能够降低宝宝窒息的风险。宝宝即使到了4岁，颈曲也不是很明显，扁扁的枕头最适合小宝宝的颈曲舒适度。最理想的尺寸是长40厘米左右、宽30厘米左右、高5厘米左右。

▎逐步使用▎

一开始使用枕头时，最好从宝宝白天的午睡开始使用。这样更便于大人进行观察，以及时发现潜在的风险，以后再逐渐过渡到晚上使用。

Part 2

喂养与睡眠
引导篇

——宝宝吃好、睡好，才能身体好

01

"厌奶"到底是怎么回事

"厌奶"这个词，只要当过妈的都知道；"厌奶"有多糟心，也只有当了妈才能体会。不过，最权威的美国儿科学会是没有"厌奶"这个说法的。小D也遭遇过所谓的"厌奶"，我抱着打破砂锅问到底的精神，跟小D的儿科医生探讨了许久。下面就来说说在美国医生的眼中，"厌奶"到底是个什么"鬼"？

小D在矫正4个月时，看到奶瓶就哭，怎么也不愿喝奶，只能喝米糊，喝奶量急剧下降。那时我以为这就是传说中的"厌奶"。这样的情况持续了一个星期，到第七天时，一天的喝奶量只有400毫升，小便次数也大大减少。最糟糕的时候，我只能用试管一滴一滴地把奶滴到小D的嘴巴里。之后我再也无法淡定了，因为她不但体重不增长，这么下去还可能会脱水。于是，我赶紧打电话给小D的儿科医生，马上约了一个当天的门诊。结果，我被儿科医生狠狠批评了一番：为什么拖这么久才来？我以为这只是"厌奶"，过段时间就好了，并不是什么大问题，没想到医生却认为这是很严重的问题。

"厌奶"的真身

"厌奶"在美国的叫法是"喂养困难"。其实"讨厌喝奶"这个说法是比较主观的，我们预先认定是宝宝不喜欢喝奶，而不是从更加客观的角度来看是不是有生理或病理原因才导致宝宝进食困难。

喂养困难的生理原因

▍分心 ▍

这通常发生在宝宝4个月左右，这时宝宝的视力开始变好，对周围的世界非常感兴趣，所以不愿意老老实实坐在那儿喝奶。这是国内最普遍的解释之一。但说实话，如果真是这个原因导致宝宝不愿喝奶，除非每次喂奶总是换新环境或总有人打扰，不然不会出现连续一周以上的厌奶期。

▍喂养过程中持续有不愉快的外界刺激 ▍

比如，喝奶时经常被呛到。注意关键词"持续""不愉快"和"外界"，是指不间断地有让宝宝不舒服的外界因素。比如呛奶，宝宝一两次被呛到没有什么大碍，但如果长期被呛，宝宝就会把"喝奶"和"不愉快"联系起来，一喝奶就要反抗。我个人认为，这其实是国内大部分宝宝出现所谓"厌奶"的原因。至于应对方法，国内的说法是"顺其自然"，其实就是"无为而治"，通过时间的推移让宝宝逐渐忘记这种不愉快的联系。

如何克服生理性喂养困难

▍保证喂奶环境固定、安静 ▍

从小D出生开始，她的儿科医生就一直强调，小月龄宝宝不喜欢惊喜，从出生开始就要建立规律的作息。前几个月喂奶时也一样，尽量保证喂奶环境是固定、安静的。这个时候的宝宝还在学习如何喝奶，如果环境不断变化，他就容易分心。这就好比一个新手驾驶员刚上路时是无法一边开车一边聊天的。

排查并切断"不愉快"的外界刺激

这一点做起来其实并不容易，需要妈妈们从宝宝的角度去发现问题。一旦发现刺激，应该立刻阻断。以下是比较普遍的一些原因，妈妈们可以先从这些方面着手排除：

● 奶的流速问题。奶嘴过大或过小，哺乳时奶阵过强或没有奶阵。流速太快，宝宝容易被呛到；流速太慢，宝宝费很大劲儿却吃不到。这些都会让宝宝感到"不爽"。很多奶嘴包装盒上都写着宝宝多大该换下一阶段的奶嘴，但根据我的亲身经历，这些说法并不是绝对的，要视宝宝的实际情况而定。小D由于早产，吮吸能力比较弱，在她矫正4个月时，我换了第二阶段的奶嘴，但由于流速太快，她总是被呛到。所以，妈妈们还是要按照宝宝的实际情况来决定要不要更换奶嘴。

● 强迫进食。美国强调的喂奶理念是，宝宝表现出饿的信号时再喂奶。小月龄宝宝会有觅食反射，当他饥饿时，用手碰他的嘴唇，他会左右摆头，试图用嘴巴去找吃的，但这并不代表他就是饿了。所以，有时宝宝并不想吃，只是大人觉得他饿了，就强迫他喝奶，长久下去他自然就不喜欢喝奶了。

● 喂养方式改变。如果宝宝之前一直是妈妈亲喂，突然改成瓶喂，宝宝会有些不适应。如果需要改变喂养方式，一定要提前安排时间，慢慢过渡，不要突然改变，要让宝宝有慢慢接受的过程。

● 不及时拍嗝。有些宝宝喝奶后打嗝会比较频繁，在喂奶过程中需要停下来多拍几次嗝。还有些宝宝特别难拍出嗝，这会让妈妈误以为他不需要打嗝，从而忽视了拍嗝的环节。

喂养困难的病理原因

喂养超级敏感（feeding hypersensitive）

喂养超级敏感的宝宝通常有以下表现：

- 拒绝奶嘴进入嘴巴，强行进入嘴巴后，会出现强烈的反应；
- 没有生理或病理原因，但喝奶时很痛苦；
- 如果强迫喂奶，经常会出现干呕或呕吐，有些表现严重的宝宝，甚至看到奶嘴或奶瓶就会呕吐。

尽管这个原因不算"病"，但它也被归类于病理性，因为它会造成长期的喂养困难。在美国，如果宝宝被认为有喂养超级敏感，会有儿科医生推荐喂养与语言康复师对宝宝进行康复训练。

贫血

宝宝缺铁性贫血会导致没胃口，不想喝奶。足月宝宝6个月后对铁的需求会增加，单单靠喝奶已经满足不了宝宝对铁的需求量，这就是为什么一直强调宝宝的第一口辅食是铁强化的米粉。对于小月龄早产儿，医生都会建议出院后补充铁剂，因为他们没有机会在妈妈子宫里最后那段日子储存足够的铁。

胃食管反流

宝宝胃食管反流时，胃酸带着食物泛上来是很难受的，这种感觉跟大人吃得不舒服时会感到胃灼热一样。试想，一个小宝宝，每天要经历好几次这种胃灼热的感觉，而且每次都是在喝奶后，慢慢地，他就会把这种不舒服的感觉归咎于喝奶，从而变得排斥喝奶。

肌张力低导致吮吸无力

这个原因不是特别普遍，只存在于肌张力低的宝宝。这类宝宝由于脑损伤导致全身肌张力非常低下，以至于连嘴巴附近的肌肉也没有力气来协调吮吸奶嘴这个动作。

病理性的喂养困难怎么解决？当然要寻求医生的专业建议。好多宝宝存在喂养困难，可能是上面的多种因素导致的。小D就是因为同时存在胃食管反流和喂养超级敏感，导致她有将近半年的时间都是个"喝奶困难户"。

大 J 特 别 提 醒

"厌奶"在中国是一种正常的状态，所以大部分父母要做的就是等待；而"喂养困难"在美国是一种"病"，父母和医生会主动寻找原因来帮助宝宝。我们没必要去讨论谁对谁错，但可以用开放的心态多了解一下这个问题，至少可以多一个思路来帮助宝宝。

02

如何科学判断奶量

"宝宝一天到底该喝多少奶？"

"我家宝贝一个月大，总想吃奶，是不是我的奶没营养啊？"

"添加辅食后，奶和辅食怎么安排？"

……

估计大部分新手妈妈都会和我有一样的困惑。小D的体重曾经一直是我心头的痛。她出院回家后，我总是纠结她有没有吃饱，吃多少奶才算够。最初带小D去看儿科医生时，每次都花很多时间跟医生探讨喂养方面的问题。下面就来分享一下关于宝宝奶量的问题。

没添加辅食之前，如何确定宝宝的奶量

小D的儿科医生告诉我，在没添加辅食之前，有个简单的方法可以大概算出宝宝一天需要的奶量：150毫升×公斤数～200毫升×公斤数。但是要注意，每个宝宝的情况不一样，公式仅作为参考。通过以下这些问题，能够更好地了解宝宝是否喝够奶。

● 宝宝的体重是否持续增长？刚出生的宝宝，排出胎便后体重会减少5%～9%，通常最多两周后体重就会回到刚出生时的水平。之后，如果宝宝的体重稳步上升，就说明宝宝的喝奶量是充足的。

● 每天是否排小便至少6次？这是个很重要的标志。小D之前喂养困难时，曾经一天只能喝400毫升左右的奶。我打电话给儿科医生，她第一句话问

的就是排小便的次数。如果持续几天小便次数少于6次，儿科医生会建议我带小D去医院输液，以防止脱水。

● **宝宝看上去是否健康?** 宝宝醒着时是否精神良好，是否对周围感到好奇，是否皮肤红润? 通过这些最直观的方法，也有助于了解宝宝是否摄入了足够的奶量。

对于母乳喂养的宝宝，妈妈还可以观察宝宝吃奶时是否有吞咽声，以及每次喂奶后自己的乳房是不是变得更软，以此来判断宝宝是否吃饱。

添加辅食之前，应该多久喂一次宝宝

在宝宝满月之前，美国儿科医生会鼓励妈妈按需喂养，宝宝想吃就让他吃。不过，要澄清一个误区，即宝宝吃奶频繁并不代表妈妈的奶少或者妈妈的奶没营养。刚出生的宝宝胃容量很小，他们需要少量多餐，而且只有多吮吸才能帮助新妈妈下奶，从而满足宝宝接下来日益增长的胃口。从某种角度来说，这是宝宝的"生存法则"。

从第二个月开始，宝宝喝奶开始变得有规律，每天喝奶8～9次。之后的喝奶频率会慢慢下降，到6个月左右减少至每天5～6次。当然，理论仅供参考，具体情况还是要具体分析。小D由于早产住院115天，从一开始就是按照医生要求的每3小时喂一次，回家后也一直按照这个规律来喂。她由于早产导致吮吸能力较弱，再加上胃食管反流，导致喂养困难，所以她即使到了矫正6个月，也没有减少吃奶的频率。

刚开始喂宝宝时，妈妈们可以记录一下每天的喂奶时间、大小便次数等，以方便总结宝宝的规律来安排喂奶。

添加辅食之后，该如何给宝宝喂奶

小D从添加辅食后，喂养师就建议每天喝4次奶、吃3顿辅食，奶和辅食要分开喂，基本上每次奶和辅食之间相差2～3小时。当然，奶和辅食到底是一起喂还是分开喂，没有定论，取决于每个宝宝的情况。

宝宝1岁前的营养主要还是来自奶，因此一定要保证每天奶的摄入量不低于600毫升。但吃辅食也很重要，吃辅食是为了让宝宝锻炼咀嚼和吞咽能力，为今后吃饭打好基础。宝宝的吮吸能力是与生俱来的，但吞咽和咀嚼能力是需要通过后天的练习才学会的。小D的儿科医生建议小D将喝奶和辅食分开吃，因为那时小D的胃口不大，吃奶后就不愿意吃辅食了。妈妈们可以根据自己宝宝的情况进行安排，有的宝宝吃完辅食照样吃奶，就没必要分开，关键是对喝奶和吃辅食要同等重视。

宝宝1岁后，通常就可以均衡地吃辅食了。美国儿科医生建议让辅食成为1岁后宝宝营养的主要来源，而奶开始逐渐变成"辅食"的地位。

奶瓶喂养的宝宝，要防止过度喂养

如果是妈妈亲喂宝宝吃母乳，宝宝自己有决定权，吃饱就不再吃了。但奶瓶喂养的宝宝很难有选择，有时奶流速过快，奶是直接被灌进去的。所以，奶瓶喂养的宝宝很容易出现过度喂养。对于奶瓶喂养的宝宝，在最初几个月的喂奶过程中，应该多停下来给宝宝拍嗝，同时也给宝宝一个机会告诉你他是否吃饱了。喂奶过程中，如果发现宝宝吃得太快，也要及时停下来，让宝宝有喘息的机会。

大J特别提醒

在喂养孩子的问题上，中、美观点是有差异的。国内我的亲戚朋友都认为"一开始就要多喂宝宝喝奶，慢慢地胃就撑大了"。但在美国，医生建议"给宝宝正好的奶量和食物量，不要过度，要让宝宝的体重合理增长"。

03

美国营养师教我看懂生长曲线

生长曲线可以告诉我们哪些信息

生长曲线包括头部、身长和体重的曲线，通过生长曲线可以了解宝宝的发育是否达标。生长曲线汇总了正常宝宝发育指标的平均值，通过对照生长曲线，可以知道宝宝跟其他同龄、同性别的宝宝相比处于什么水平，以及与宝宝上次体检相比，他的发育速度如何。

例如，你家的男宝宝3个月大，在体重的生长曲线上对应着40%百分位，这表明在所有3个月大的男宝宝中，有40%的宝宝和你家宝宝一样重或者比你家宝宝轻，剩下的60%比你家宝宝重。

需要注意的是，早产宝宝需要用矫正年龄看生长曲线。早产宝宝通常在正常的预产期前会有一个快速追赶期，这意味着他会跨过好几个百分位，少数宝宝的快速追赶期甚至会持续到预产期后的3个月，这也是正常的。

需要关注生长曲线的哪些问题

曲线突然大幅度波动

比如，宝宝在生长曲线上一直保持在50%百分位，但某段时间突然下降到15%，这是需要引起重视的，应该去检查一下，看是否有潜在的疾病隐患（比如贫血造成的食欲不佳等）。

▌生长曲线长期低于2% WHO数据库（或5% CDC数据库[1]）▌

如果长期低于2%百分位，需要向儿科医生进行咨询，看是否有生理或病理方面的原因，以及时进行治疗。

▌生长曲线长期高于98% WHO数据库（或95% CDC 数据库）▌

中国的父母偏爱胖宝宝，但宝宝不是越胖越好。已经有研究证实，3岁以前肥胖的宝宝，成年后导致肥胖和患高血压、高血糖、高血脂症的概率将大大增加。所以，如果宝宝的生长曲线高于98%百分位，美国的医生会建议父母让宝宝增加活动量，并适当控制饮食。

关于母乳添加剂

在美国，使用母乳添加剂是非常谨慎的事情，需要医生的处方才可以买到。而且只要宝宝的体重在合理范围内，医生就不提倡使用添加剂，因为它会对小宝宝的消化系统造成额外的负担。

小D虽然是早产宝宝，但她很早就停止了母乳添加剂。这是因为虽然小D停止母乳添加剂时还没到原本的预产期，但她的生长曲线已经呈现出非常漂亮的追赶弧度，NICU的主任医生觉得她的追赶生长没有问题，不需要额外用母乳添加剂。

据我所知，国内的儿科检查中，不是所有的医生都会记录宝宝的生长曲线。但我建议各位妈妈尽量自己记录一下宝宝的生长曲线，这样对于宝宝的生长发育就能做到心中有数。一旦发现曲线有异常，就及时采取措施，而不是等到下次体检时才发现问题。而且，妈妈们也不用因为觉得自己的宝宝比别人家宝宝轻而感到焦虑，只要宝宝的生长曲线是正常的，妈妈就

1　目前最流行的两大生长曲线数据库是WHO（世界卫生组织数据库）和CDC（疾病防治中心数据库），由于这两大数据库采集的样本量不同，所以百分位的标准也有所差异。

没必要焦虑。

　　小D现在还是个瘦宝宝，她的体重按照矫正月龄已经稳定在10%百分位，身长稳定在50%百分位。如今我已经完全不纠结她的发育问题了，我一直记得NICU主任跟我说的话："宁可宝宝健康地瘦，也不要病态地胖。抛开生长曲线，只看单独的体重绝对值是不负责任的。"

04

美国儿科医生谈婴儿营养补充剂

曾有国内的朋友来美国时向我咨询去哪儿给宝宝买营养补充剂。她跟我说，其实自己有时对这些产品也抱有怀疑态度，但在国内，邻居、朋友见面都会问，你家女儿吃这个、吃那个了吗？被问得多了，就觉得周围的宝宝都在补，不给自己的宝宝补心里不踏实。这篇文章就专门来说一说营养补充剂那些事儿。

对于要不要以及如何给宝宝购买营养补充剂，无非需要回答以下三个问题：

- 哪些营养真的需要补？
- 多补会对宝宝的身体有害吗？
- 即使知道是心理安慰剂，我还是想买，那么购买时怎么选择品牌？

维生素D ——需要补

维生素D能够促进钙的吸收，是帮助宝宝拥有强健骨骼的重要帮手。维生素D从哪里来呢？在晒太阳后，身体会自动生成维生素D。但宝宝在出生后前6个月，不太可能像成人那样频繁地晒太阳，而且小宝宝的皮肤非常娇嫩，美国儿科学会不建议让宝宝长时间暴露在阳光下，因为这样即使宝宝没有被晒伤，也会增加今后患皮肤癌的概率。

因此，美国儿科学会建议，从出生后，就要给母乳喂养的宝宝提供每天400IU的维生素D补充剂。对于人工喂养或混合喂养的宝宝，父母可以参考配方奶包装盒上的营养标签，根据宝宝每天喝的配方奶量，计算每天摄入的维生素D是否达到400IU。如果没达到，就需要额外补充差额的量。

钙、镁、锌——不需要补

这3种元素对宝宝的生长发育也非常重要，但这些元素并不需要进行额外补充，因为它们都可以非常容易地从日常饮食中得到。绝大部分通过医学检查证实缺钙的宝宝，并不是真的缺少钙，而是缺少帮助钙生成的维生素D。

有一些观点认为宝宝出牙晚或容易出汗都是因为缺钙，这是没有科学依据的。摄入过量的钙、镁、锌，会引起血钙过高，反而会对骨骼造成损害，甚至会造成肾功能损害。正确的做法是坚持补充维生素D，在添加辅食后，有意识多引入一些高钙的食物，比如奶酪、酸奶、深绿色蔬菜等。

铁——部分宝宝需要补

宝宝6个月之后，身体对于铁的需求量会大大增加，仅靠从母乳或配方奶中摄取的铁已经不够了。开始添加辅食后，宝宝的饮食里需要含有足够的铁，因此宝宝的第一口辅食要吃铁强化的米粉。此外，辅食要注意营养均衡，让宝宝多吃含铁量丰富的食物，比如红肉、菠菜、黑豆等。

一般足月、健康的宝宝只要在饮食上注意，就不需要额外补充铁剂，但以下两种情况例外：

● 早产宝宝。由于他们没有机会在妈妈的子宫里储备足够的铁元素，所以所有早产宝宝，特别是小月龄的早产宝宝（早于32周出生），从一出生就应该补充铁剂。

● 贫血的宝宝。在美国，宝宝6个月和1岁时都会被检测是否贫血。如果发现宝宝贫血，医生会建议添加铁剂，同时增加更多富含铁元素的食物。

DHA——不需要补

DHA对于大脑和眼睛的发育非常重要，母乳中含有的DHA具有最优化的营养比例，也是宝宝最容易消化吸收的。因此，美国的妇产科医生会建议妈妈从备孕起一直到哺乳期，都多吃富含DHA的食物（比如三文鱼等深海鱼类），这样妈妈所吸收的DHA就会传递给宝宝。因此，母乳喂养的宝宝不需要额外补充DHA。至于人工喂养的宝宝，现在市面上的配方奶基本上都是DHA强化配方奶，因此也不需要额外补充DHA。

益生菌——不需要补

益生菌是目前在美国比较有争议的一种补剂。部分研究表明，适量补充益生菌对宝宝的肠绞痛、便秘和湿疹有帮助，但目前还没有大规模证明这个结论，它的副作用也还不明朗。"副作用不明"其实比"有副作用"更可怕，这也是美国大部分儿科医生对益生菌持谨慎态度的原因。因此，建议妈妈们最好不要盲目给宝宝补充益生菌。

我想花钱买心理安慰剂，可以吗

看完上面的分析，也许很多妈妈还是觉得不补不放心，因为别人家孩子都在补。如果你非要花钱买心理安慰剂，可以考虑如何把风险降到最低。

要知道，不是所有美国的产品都是好的，恰恰相反，美国的膳食补充剂是不需要经过美国食品药品监督管理局批准就可以上市的，因此存在安全性和有效性方面的风险。美国食品药品监督管理局只保留事后问责制。下面是美国食品药品监督管理局官网上的截图：

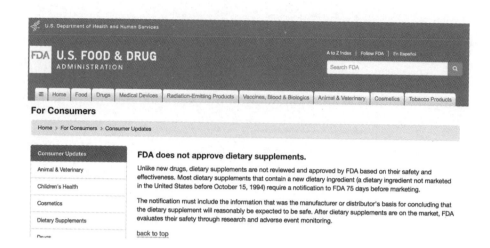

也就是说，美国最权威的机构美国食品药品监督管理局不保证市面上出售的婴儿补充剂中所含的营养成分跟标签上所说的一致，也不测试其中是否含有汞等污染物，如果事后出现问题，他们才会介入问责。

小D是个28周早产的宝宝，出生时体重还不到2斤，小的时候经历过厌奶和不吃辅食。本文中提到的营养补充剂，小D只吃过维生素D和铁补充剂。她现在矫正年龄已超过2岁，身高、体重、头围都是达标的，而且抵抗力也不错。

大 J 特 别 提 醒

因此，各位妈妈不要以为"即使没效果，也吃不坏宝宝，我花钱就图买个放心"。美国每年关于营养补充剂招回的事件有很多，我们没有必要花了钱，还让自己的宝宝存在这样的风险。

05

宝宝1岁以后到底该喝配方奶还是牛奶

配方奶要喝到什么时候

美国儿科学会建议，宝宝1岁以后就可以喝牛奶，没有必要继续喝配方奶。当然，如果宝宝是母乳喂养的话，可以继续喝母乳。

不过，这只是大的准则，转换牛奶还有两大补充条件：

1.宝宝的大部分营养主要靠一日三餐来摄取。 宝宝1岁以后，"辅食"应该逐步过渡成正餐，而奶则成了"辅食"。要保证一日三餐均衡，每餐都保证有四大营养品类的摄入：

- 红肉、家禽肉、鱼肉、蛋类；
- 奶、酸奶、奶酪；
- 蔬菜或者水果；
- 谷物、米饭、面包、面条。

2.每日奶量不过量，最理想的是一天两份奶制品（如果换算成牛奶的话，大概是400毫升）。 宝宝1岁后，奶已经成为"辅食"，需要逐渐控制宝宝的奶量，不喧宾夺主。同时，由于牛奶比配方奶含有更大颗粒的蛋白分子，过量的牛奶摄入会对宝宝的肠胃和肾脏造成负担。

如果宝宝不喝配方奶，营养能否跟得上

的确，配方奶在营养成分上比牛奶更加全面，也含有更多的热量、微量

元素和矿物质。但对于1岁后的宝宝来说，这些营养完全可以从一日三餐当中摄取，不需要再从配方奶中获得。

有的妈妈会因为担心宝宝三餐吃不好而给宝宝喝配方奶，事实上，这样的做法并不可取。辅食添加的目的除了为宝宝提供营养，还要锻炼宝宝的咀嚼和吞咽能力。妈妈因为担心宝宝营养不够而给宝宝喝的奶越多，宝宝就越不好好吃辅食，咀嚼和吞咽能力就更加无法得到锻炼，由此就进入一个恶性循环。

如何为宝宝选择牛奶

▌全脂牛奶还是减脂牛奶▌

1岁以后的宝宝如果喝牛奶的话，一定要喝全脂牛奶，因为脂肪对于宝宝的大脑发育很关键。通过最新的调查研究发现，全脂牛奶里的脂肪很容易从正常的三餐饮食中摄取。

最新版的《美国儿科学会育儿百科（第6版）》提出了新的观点：如果你的宝宝体重没有超标，即生长曲线没有超过98%（WHO数据库），同时你的家庭中没有肥胖、高胆固醇或心脏遗传病史，那么建议宝宝1岁后喝全脂牛奶。如果你的宝宝存在上述问题中的任何一条，建议他1岁以后喝减脂牛奶。

▌生牛奶、巴氏牛奶还是常温奶▌

首先，一定不要买生牛奶，美国疾病控制和预防中心（CDC）建议，即便是成年人，也不要饮用生牛奶。因为牛奶很容易被细菌污染，未经消毒的生牛奶存在很大的安全隐患，严重的会危及生命。

巴氏奶是美国儿科医生建议宝宝喝的牛奶，也是美国超市里牛奶的主流品类。在美国，常温奶并不多见。据我所知，国内许多妈妈对于奶源有顾虑，所以会选择进口的常温奶。巴氏奶和常温奶最主要的区别是消毒方法不同，巴氏奶的营养成分保留得更好一些，但两者的差别是可以忽略不计的。

所以，妈妈们可以根据自己的情况，放心选择这两种奶。

至于那些牛奶饮料，根本不能算是牛奶，只能算是饮料，建议不要给宝宝喝。

宝宝不爱喝牛奶怎么办

奶制品是保证营养均衡的重要食品种类，是钙的主要来源。对于不爱喝牛奶的宝宝，可以尝试下面的方法：

● 逐步更换牛奶。一开始可以在宝宝的配方奶里混入一点儿牛奶，然后逐步增加牛奶的比例，慢慢过渡到完全喝牛奶。这种方法也适用于1岁以内更换配方奶品牌的宝宝，能够让宝宝有逐步适应的过程。

● "浑水摸鱼"。小D非常爱吃两款奶昔：香蕉牛油果奶昔和草莓奶昔，制作方法很简单，就是把水果和奶放进搅拌机打碎后给宝宝喝。把它作为下午的点心，还能额外补充维生素和纤维素。

● 寻找替代品。对于不爱喝奶的宝宝，酸奶和奶酪是很好的替代品，通常宝宝对酸奶的接受度会更高。美国儿科学会建议，宝宝在添加辅食之后，就可以喝酸奶，如果宝宝对奶蛋白不耐受，可以适当延后引进酸奶的时间。

大J特别提醒

小D出生时是个超低体重的早产宝宝，在喂养师和营养师指导下，她的生长曲线现在一直稳定在正常的区间内。在小D出院前，就停了母乳添加剂，也没有补充过钙、镁、锌这些营养补充剂，而且小D 1岁之后就开始喝牛奶。我想用自己的亲身经历告诉妈妈们，了解和掌握每个阶段的喂养要点，踏踏实实地让宝宝吃好一日三餐，才是保证宝宝身体健康和正常发育的根本。

06

宝宝爱抱睡，放下就醒怎么办

小D小时候有很多由于早产造成的问题而导致睡眠困难，所以她一直是被抱睡的。随着小D年龄的增长，早产的问题慢慢得到了缓解，但她却养成了抱着才能入睡的习惯，而且一放下就会醒。这一度让我非常头疼，于是我和老公一边学习睡眠知识，一边尝试用各种方法来改善。下面就来分享一下我在宝宝抱睡方面的心得。

睡眠是个系统工程，一开始就要用对方法

为解决小D抱睡的问题，她的儿科医生和我分享了如何帮助宝宝养成良好的睡眠习惯。

● 分床睡。从一出生开始，就应该让宝宝睡自己的小床。虽然宝宝刚出生时你觉得抱着他睡很省力，但从长远考虑，抱睡会让宝宝形成依赖，给大人造成不必要的压力。因此，从一开始就应该分床睡，以培养宝宝独立入睡的习惯。

● 睡眠安全。永远记得要让宝宝仰卧入睡，床上不要放任何毛绒玩具，以避免发生睡眠窒息。

● 规律作息。很多宝宝的睡眠习惯不好，都是由于父母的随性养育方式造成的。所以，从一开始就要有意识地帮助宝宝建立规律的作息。这方面，我受益于一本书，即《实用程序育儿法》（*Baby Whisperer Solves All Your Problems*），小D就是使用了改良版的EASY模式建立起规律的作息。

先解决放下就醒的问题

小宝宝通常会有惊跳反射，宝宝睡着后大人往床上放时，如果稍微不注意，就会触动宝宝的惊跳反射，导致他们被吓醒。小D由于肌张力低，惊跳反射并不明显，但由于我们放下时方法不正确，所以总是把她弄醒。对于足月、健康的宝宝，如果是惊跳反射导致宝宝放下就醒，可以尝试给宝宝包一个宽松的襁褓。

为此，小D的儿科医生还特地和我们分享了美国的一种"放下宝宝不醒法"，即准备放宝宝之前，先要调整两只手的位置，以保证放好宝宝后自己容易抽手。放下时，一定要先放宝宝的屁股，屁股碰到床后，顺势换手去接宝宝的脑袋，然后再慢慢放下。刚放下时，可以用手掌按压一下宝宝的手或胸部，以帮助宝宝稳定下来。

注意放下的时机

小宝宝刚刚入睡时还处于浅睡眠阶段，所以很容易放下就醒。小D的儿科医生建议，要改掉放下就醒的问题，不要看宝宝一睡着就放下，可以稍微抱久一点儿，等宝宝进入深度睡眠后再放下。通过多次尝试，我找到了一个判断宝宝是否进入深度睡眠的方法，即轻轻抬一下宝宝的胳膊，如果发现胳膊软软的，基本上就可以确定他已经进入深度睡眠。即使这样，放下时还是要注意使用上面的方法。

打破"抱"和"睡"之间的联系

小D养成抱睡的一大原因，就是之前她每次喝完奶就要睡觉，但由于她有胃食管反流的问题，医生叮嘱我们，喝完奶后需要竖抱20分钟再放下。后来慢慢地，她就把"入睡"和"竖抱"联系起来了。所以，要想解决抱睡的问题，需要先打破这种联系。

我开始使用EASY模式时，就是按照"吃—玩—睡"的规律培养她的作息习惯，把吃和睡分开。一开始挺难的，小D吃完还是需要竖抱，每次都昏昏欲睡。我每次都尝试着和她说话，挠挠她，希望把她弄醒。刚开始竖抱20分钟之后，小D只能支撑几分钟就会睡着。即使这样，我也会带她去游戏垫上玩一会儿。我想让她知道吃完饭应该玩耍，而不是睡觉。

现在小D的自主睡眠已经步入正轨，经常有朋友说，你家宝宝真是天使宝宝，其实小D真的不是天使宝宝，她的睡眠从开始纠正到步入正轨，用了好几个月的时间。

对于宝宝睡眠习惯的引导，我总结出以下几点心得：

● 自主睡觉是宝宝需要学习的一种能力，因此从一开始就要建立良好的习惯，尽管刚开始可能会花费很多的时间和精力。

● 每个宝宝的睡眠问题都是不一样的，可以参考育儿书或其他人的案例，但到底该如何执行，一定要根据自己宝宝的情况来定。比如，小D性格比较强硬，如果大人不管，她即便哭到吐也会继续哭下去。这样的宝宝就只能缓慢地进行引导，而不是急于进行睡眠训练。

● 所有宝宝的睡眠问题都不是单一的，一定要综合分析，把问题一一拆解。解决这些问题的时候不要贪心，一个一个逐步攻破，期间肯定会有一些妥协的方法（比如，小D有一两个月的时间白天是在推车上睡觉的），但至少我们离目标越来越近了。

● 坚持、坚持、再坚持，无论你用什么理论体系帮助宝宝学习自己入睡，一旦开始就要坚持下去，不能三心二意，不然宝宝会困惑，结果也更加糟糕。

07

如何应对宝宝的第一次分离焦虑

小D在9个月大时，突然变得异常黏人，白天我根本不能离开她，只要一转身她就开始大哭，而且是扯着嗓子嚎、大颗大颗眼泪往下掉的哭法。之前晚上睡觉时，通常我放下她后说"晚安"就可以离开了，那段时间也不行了，我一走开，她就拉着床栏杆朝着门的方向大哭。好不容易哄好入睡后，半夜还会大哭几次。

我一开始以为这只是偶然的情况，就想再观察几天。没想到她哭得越发厉害，我开始怀疑她是不是身体不舒服。但是不管她哭得多凶，只要我一抱，她马上就会开心大笑，我觉得她越大越不乖了。后来在小D老师的帮助下，我才明白这种情况叫"分离焦虑症"。

▍为什么会出现分离焦虑症 ▍

在宝宝尚小的时候，他会以为东西只要看不见就是消失了。后来他才慢慢地明白，原来东西即使看不见，也还是存在的。这是宝宝很重要的认知发展里程碑，叫"事物永久存在性"。这就是宝宝出现"分离焦虑症"的原因——宝宝开始明白：妈妈虽然不见了，但她还是存在的，我希望妈妈立刻出现，所以就会大哭。小D的老师说，出现分离焦虑症是宝宝认知进步的表现。

▍什么时候会出现分离焦虑症 ▍

宝宝的第一次分离焦虑最早出现在6个月左右，大部分宝宝的分离焦虑高峰期出现在10～18个月。之后，在宝宝去托儿所或幼儿园时，会出现第二个分离焦虑高峰期。很多妈妈都知道宝宝初入幼儿园时会出现分离焦虑,但往往忽视了第一次分离焦虑,而是和我一样,把这归结于"宝宝越大越难带"。

如何帮助宝宝应对分离焦虑症

应对宝宝的分离焦虑症,没有立竿见影的方法,但父母知道原因后,应该尽可能地理解宝宝,多给予宝宝足够的安全感,不要以为这是宝宝不乖的表现,这样会帮助宝宝更加轻松地度过这个时期。

对于宝宝的第一次分离焦虑,很多观点都聚焦于"应不应该一哭就抱"的问题上。其实,所谓的"越哭越不抱"的观点对宝宝的身心发育是非常不利的。在6~18个月这个年龄段,宝宝的心智还没有成熟到会"耍心机"的程度,哭是他们最真实的表达,大人需要及时地进行回应,给宝宝足够的安全感,这将有利于缩短分离焦虑的时间。

下面分享一些我亲自试验过的小方法,对于缓解宝宝的分离焦虑非常有效。

离开之前,一定要说"再见"

这方面我犯过大错,有时候觉得自己只是去趟洗手间,很快就会回来,所以总是趁着小D在玩玩具时偷偷溜走,但小D每次都会号啕大哭。后来,小D的老师跟我说,每次要离开宝宝时,不管离开的时间长短,都要和宝宝说再见,而不是偷偷地溜出去。如果大人经常偷偷地离开宝宝,宝宝就会变得越来越黏人,因为她会认为"如果我不看着妈妈,妈妈就会离开",这样就会形成恶性循环。

对于真正意义上的"离开"(比如上班、出去办事等),也需要告诉宝宝后再离开。这种情况下,宝宝通常会哭,但妈妈们要把握一个原则:既然一定要离开,就不要出门后不忍心又回去。一旦回去,宝宝就会认为"只要我哭，妈妈还是会回来的"。尤其是对于产后需要回去上班的妈妈，宝宝和妈妈都需要花时间来适应这段分离焦虑期。但妈妈千万不要在向宝宝道别时表现得非常难过，因为这种情绪会传递给宝宝，让宝宝加重分离焦虑的情绪。

▋通过游戏帮助宝宝应对分离焦虑▋

平时在家可以有意识地多和宝宝做一些游戏，让他明白"妈妈离开一会儿没关系的"。比如，我会鼓励小D自己爬到卧室或者厨房（前提是安全的），我不着急跟在她后面，而是等几分钟再去找她，让她适应短暂的"分开"。另外，平时多和她玩"躲猫猫"的游戏，这也能够让宝宝逐渐适应与妈妈"分开"。

由于分离焦虑症而导致睡眠倒退怎么办

出现这样的情况很好理解，晚上宝宝醒过来突然发现妈妈不见了，这种害怕对孩子来说是非常真实的。在每天睡觉前，妈妈要多花一些时间抱抱孩子，给他读睡前绘本，和他一起唱歌，让睡前这段时光变得更加温馨，让宝宝充分感受到妈妈的爱，这对于缓解宝宝的分离焦虑很有帮助。

小D出现分离焦虑的那段时间，每天在她睡觉之前，我都会和她在大床上一起躺一会儿，面对面地给她唱歌，再抱抱她、亲亲她，然后才把她放下。小D非常喜欢听歌，还很喜欢躺在大床上，所以这个过程对她来说是很珍贵的睡前活动。每个孩子的喜好不一样，妈妈们可以尽量找一些宝宝喜欢的睡前活动，但要注意活动不能太激烈，以免宝宝因为活动后太兴奋而无法入睡。

如果晚上小D哭醒，我会先等一两分钟，观察哭声是否减弱，她是否会自行入睡。有时候，宝宝在转换深浅睡眠时也会出现哭的情况，但大部分情况都无须干预，宝宝会重新自行入睡。但如果哭声持续时间比较长，大人就应该去安慰宝宝。但一定注意，尽量不要抱起宝宝，可以坐在床边拍拍他。不要开灯，不要喂奶，也尽量不要有目光的接触。

大 J 特别提醒

总之，妈妈既要用行动告诉宝宝"妈妈在你身边"，也不要让他过于兴奋，或者就此养成坏习惯（比如重新开始喝夜奶等）。

Part 3

辅食添加篇

——为宝宝学习吃饭打下基础

01

美国喂养康复师帮我重新解读辅食添加原则

小D是早产宝宝，所以很多喂养上的问题都会被放大。她从矫正3个月开始，就有一个专业的喂养与语言康复师。康复师从喂养原则、喂养姿势到辅食营养等多方面把关，让小D不仅吃得健康，而且要用正确的方法吃辅食，这样才能锻炼她的口腔肌肉，不仅让她成为快乐的"小吃货"，也为她今后的语言发展打下基础。通过与喂养康复师的交流我发现，有一些广为流传的辅食添加知识常常被妈妈们所误解，甚至完全是错误的。

正文开始前，请妈妈们判断一下这些观点是否正确：

- 宝宝到了6个月就需要添加辅食；
- 宝宝在1岁之前不能吃易致敏食品，如蛋黄、海鲜、坚果等；
- 宝宝吃了某种食物后出疹子，表明对这种食物过敏，需要忌口。

如果有任何一条你觉得是正确的，请耐心看完这篇文章，看看美国喂养康复师是如何解读的。

原则1：宝宝到了6个月就需要添加辅食——不一定

辅食添加的关键是看宝宝是否符合以下4个条件，而月龄限制6个月只是一个参考值，是大部分宝宝可以达到这些条件的时间。

- 宝宝具有良好的头部控制能力，包括能够稳定地把头保持在正中央或者转头表示不再吃；
- 在大人的支撑下能够坐稳；

- 推舌反应逐渐消失；

- 对大人的食物开始感兴趣。

很多有关辅食的文章没把以上的主次关系说清楚，结果大家都只记住了"6个月"这个结论。以上的4个条件中有两个是关于宝宝大运动发展的。而每个宝宝的大运动发展节奏有快有慢，所以6个月只是一个参考值，不能完全从月龄来判断宝宝是不是该添加辅食。

小D是过了矫正7个月才开始添加辅食的，因为她之前无法很好地坐稳。美国的康复师有个理论叫"Everything comes from core"，即一切精细动作都需要大运动作为前提，大运动最重要的就是核心肌肉力量（core）。而进食是最复杂的一种精细动作，如果宝宝的头竖不稳，大人支撑着还坐不好，他就需要花很多精力去维持自己的头部和背部平衡，因此无法有额外的精力专注在咀嚼和吞咽这件事上。那么能不能让宝宝躺着吃呢？这是绝对不允许的，这样不但容易发生窒息，而且由于大部分食物都是滑进喉咙的，宝宝的咀嚼和吞咽能力根本没有得到锻炼。不过，辅食添加的时间最晚不能晚于8个月，否则宝宝就错过了锻炼口腔肌肉和开发味觉的关键期。

小D矫正都快7个月了，喂养康复师还迟迟不提辅食添加的事，我当时挺着急的。后来她说了一句话，让我释然了："如果宝宝身体没准备好，强行喂辅食只会让宝宝不爱吃饭。你想想，宝宝接下来一辈子都要吃饭，为什么要着急这一两个月呢？而且1岁以内宝宝的营养大部分来自奶，添加辅食更多的是为了让他们锻炼口腔肌肉和开发味觉。"

总结：什么时候开始辅食添加，关键是看宝宝是否满足以上的4个条件，6个月只是参考值，4～8个月都是合理的。

原则2：1岁之前不吃易致敏食品，如海鲜、坚果等——错误

在小D不满1岁时，她的一个小伙伴一家来我家玩，夫妻双方都是波士顿的外科医生，他们的宝宝和小D一样大。他们看到小D吃鸡蛋和花生酱时，

都惊呆了，我也有些惊讶，因为1岁以内可以吃鸡蛋和花生酱已经是非常普遍的辅食知识了，而他们作为医生却并不了解。一问才知道，他们对于这些知识的了解来自《美国儿科学会育儿百科（第4版）》，里面关于容易致敏辅食的知识已经过时了。最新的《美国儿科学会育儿百科（第6版）》指出，晚引进容易致敏的食物并不会降低宝宝过敏的风险，反而容易提高宝宝的过敏风险，以及让宝宝养成挑食的习惯。

在国内的妈妈看来，我在给小D引进新食物方面属于"激进派"。其实小D的喂养康复师一直提醒我，在引进新食物时应该逐步添加，每次只添加一种食物，而且新食物要尽量加在早餐那顿，这样万一宝宝有任何不适，可以及时发现问题。所以，小D每次添加新食物后，我都会连续观察4天，如果没有问题，再继续引进新食物。到如今，绝大部分食物小D都吃过，每天的辅食搭配都能保证品种丰富、营养均衡。

那么，1岁以内的宝宝到底有没有不能吃的食物呢？的确有，以前这个清单很长，如今已经变得很短了。

- **蜂蜜**。不是致敏原因，但可能会引起肉毒中毒。
- **牛奶、豆奶**。在1岁前不建议用牛奶或豆奶代替母乳和配方奶，因为前者的营养远不及后者全面，而且有些宝宝无法消化牛奶或豆奶中的大颗粒奶蛋白。
- **其他**。有窒息风险的小颗粒食物、高糖高盐食物。

总结：过敏跟引进易致敏食物的时间早晚没有必然联系，相反，晚引进易致敏食物反而会增加宝宝过敏的概率。

原则3：宝宝吃了某种食物后出疹子，表明对这种食物过敏——错误

小D第一次吃燕麦米粉4小时之后，我发现她脸上和胸前都起了红疹子。

当时我的第一反应就是"食物过敏"，于是马上打电话给小D的儿科医生。医生听完我的描述后，说这不是"食物过敏"，而是"食物不耐受"。这是两个非常容易混淆的概念。"食物过敏"的特点是症状比较严重，而且出现症状的速度比较快。"食物过敏"会影响身体的免疫系统和器官的正常运作，严重的甚至会危及生命，通常在进食后1小时内就会出现呕吐、呼吸困难等症状。因此，一旦确诊宝宝是食物过敏，一定需要严格忌口，不能再吃致敏食物。而"食物不耐受"没有那么严重，它的特点是症状比较缓和，而且出现症状的速度比较慢。"食物不耐受"通常只影响消化功能（比如出现腹泻等），或出现皮肤问题（比如出疹子），而且是在进食几小时以后才缓慢出现症状。引起"食物不耐受"的原因主要是肠道缺乏某种酶。

根据医生的分析，小D的情况是"食物不耐受"而非"食物过敏"。小D的儿科医生建议先别吃燕麦米粉，过几天后再重新引入。因为宝宝和成人不同，他们的肠胃每天都在不断地成熟，所以只需要几天时间，不耐受症就会消失。在停了燕麦米粉大概4天以后，我重新又给小D食用。第一、二天减量，经过观察，发现小D没有问题，第三天就增加为正常的量，之后小D没有再因为吃燕麦米粉而出过疹子。

总结：区分清楚"食物过敏"和"食物不耐受"，客观对待忌口这件事。"不耐受"是正常的身体应激反应，对导致"不耐受"的食物不用"判死刑"，可以暂时停掉，过几天后再继续尝试。

大J特别提醒

养育宝宝并不能按照"教科书"来养，所以我对于育儿的观点是，不仅要知道宝宝的问题在哪里，还要知道问题的解决办法是什么。只有这样，我们才不会经常"玻璃心"，才可以少一些焦虑，才可以更有针对性地帮助宝宝发展。

02

美国喂养康复师指导6~7个月宝宝辅食喂养要点

看到宝宝终于可以吃辅食了，很多妈妈都兴奋不已。然而现实很残酷，一开始很多宝宝看到勺子都不愿意张嘴，或者宝宝已经不想吃了，妈妈们还想再喂一口。

小D的喂养康复师曾再三强调，刚开始引进辅食的阶段，是宝宝跟辅食的"磨合期"。要知道，吮吸是宝宝天生就会的能力，但吞咽和咀嚼能力却是需要通过后天的训练学会的。辅食之所以叫"辅食"，是因为宝宝1岁前的营养成分主要来自奶，而它只是辅助食品。所以，在磨合期的主要任务，是让宝宝对吃饭有兴趣，帮助宝宝建立良好的吃饭习惯，而不是关注宝宝是否吃进了足够量的辅食。

● 如何培养吃饭兴趣。不强喂宝宝，尊重宝宝的意愿。宝宝一开始不爱吃新的食物没关系，可以以后再尝试。大人要把吃饭当成一种社交活动，尽量和宝宝一起吃，父母的吃饭行为能够给宝宝做出很好的示范，并且能够帮助宝宝培养对食物的兴趣。

● 如何建立良好的吃饭习惯。吃饭时间要让宝宝坐在餐椅里，不要拿玩具逗引宝宝，允许宝宝在吃饭时把餐具当作玩具来玩，因为这是宝宝探索世界的一种方式。另外，大人不要喂宝宝吃，要尽量让宝宝独立吃饭。否则等宝宝长大后，就会出现大人到处追着宝宝喂饭的情况。

喂养实操问题

喂辅食时，应该怎么把勺子塞进宝宝的嘴里

喂辅食时，一定要注意把勺子放入宝宝嘴巴的正确方式，方法正确才能帮助宝宝有效锻炼口腔的肌肉，有利于今后的吃饭和语言发展。

正确的方法是勺子要平进平出，把勺子平行放入宝宝舌头上面，等待宝宝把嘴唇闭上，把勺子上的食物抿下来，这个过程有点儿像大人用勺子吃冰激凌。这种方法能够最大限度地帮助宝宝锻炼上、下嘴唇的控制能力，一方面能够为下一阶段的辅食添加做准备，另一方面也为宝宝将来学习语言时发那些需要闭嘴唇的音节（比如"bo""po"等）做准备。

错误的做法是让勺子与嘴巴形成一个角度，从上往下把食物塞进宝宝的嘴巴，宝宝还没有闭嘴，大人已经把食物塞进去了。这种情况下，宝宝吃辅食的过程是被动的，因此口腔的肌肉没有得到很好的锻炼。

添加辅食有先后顺序吗

最新版的《美国儿科学会育儿百科（第6版）》指出，添加辅食不需要遵循以前所谓的"顺序"。尽管如此，美国的主流观点还是建议宝宝的第一口辅食吃铁强化的米粉，因为在宝宝6个月左右，身体对铁的需求会激增。

可以让宝宝喝果汁和蔬菜汁吗

在这个阶段，宝宝吃辅食的主要目的，是促进宝宝从吮吸方式逐步转变成咀嚼、吞咽方式，而让宝宝喝果汁或蔬菜汁完全没有起到这样的作用。另外，水果、蔬菜被榨汁后，营养成分会大大流失，因此不建议给宝宝喝。

如何自制辅食

这个阶段的辅食是把食物加水或加奶打成食物泥，要尽量弄得稀一点、

薄一点。

另外，要注意的是，蔬菜泥最好现做现吃，因为隔夜菜容易产生亚硝酸盐。如果有时候无法现做现吃，可以选择成品蔬菜泥。现在市面上大品牌的成品蔬菜泥都是经过亚硝酸盐检测的，而且都经过低温杀菌，最大程度地保留了营养。

一天中什么时候吃辅食

刚开始添加辅食时，对于一天吃几顿辅食、什么时候吃，都不要太教条，把握一个原则就好，即既不影响喝奶，也不耽误练习吃辅食。

如果要引进新食物，请尽量安排在午饭之前，这样可以观察宝宝是否有过敏现象，以便及时就医。同时遵循"4天观察期"的原则，比如第一天早饭添加了蓝莓（新食物），其他时间的辅食就照常给以前吃过的食物，第二天早饭继续添加蓝莓，这样连续观察4天，如果宝宝没事，就说明这种食物对宝宝是安全的。

一顿辅食吃多少

前面已经多次提到，这个阶段吃多少并不重要，关键是培养宝宝良好的吃饭习惯，以及让宝宝开始锻炼咀嚼和吞咽的能力。小D第一周添加辅食时，每次只能吃1~2勺，还经常吐出来一点儿。这些都是正常的，我并不会因此而感到焦虑，而是把注意力放在宝宝吃饭习惯的建立和咀嚼、吞咽能力的锻炼上。

吃辅食后要注意哪些口腔卫生

每顿吃完辅食后让宝宝喝口水，当作漱口。没出牙的宝宝，每天早晚用纱布擦一下牙床；出牙的宝宝，每天早晚都要刷牙。

这个阶段吃什么

在这个阶段，宝宝可以吃以下食物：

- 谷物类：米、燕麦、糙米；
- 水果类：苹果、香蕉、杧果、桃子、木瓜、梨、西梅、李子、蓝莓、草莓、牛油果；
- 蔬菜类：南瓜、红薯、土豆、豌豆、胡萝卜、西蓝花、青豆、青菜、菠菜；
- 荤菜：鸡胸肉、三文鱼肉、鳕鱼肉、牛肉、鸡蛋（蛋白、蛋黄都吃）；
- 手指食物：磨牙饼干；
- 奶制品：酸奶。

6~7个月辅食喂养要点

- **米粉类如果买现成的，最好买铁强化的米粉。**宝宝吃一段时间之后，可以换一换品牌。因为不同品牌的米粉研磨的粗细程度不同，可以让宝宝适应不同的颗粒。冲调米粉可以用水，也可以用奶，有的宝宝一开始吃辅食时不爱吃米粉，这时用奶冲调更容易让他接受。
- **不要经常让宝宝吃白粥。**可以给宝宝吃白粥，但不要作为常规饮食，因为白粥很容易造成饱腹感，而且营养价值比较低。可以在白粥里混合肉泥或菜泥，以增加营养。
- **可添加蔬菜和水果泥。**可以选择成熟的水果打成泥给宝宝吃，以最大限度地保留营养。蔬菜泥最好现做现吃，以避免亚硝酸盐过高。
- **宝宝1岁之前不要喝普通牛奶，添加辅食后可以喝酸奶。**为宝宝买酸奶时，要尽量购买宝宝酸奶，并注意看配料表，成分越简单的越好，尽量避免那些含有较多添加剂和糖分的酸奶。如果可能的话，自制酸奶也是不错的选择。如果宝宝有奶蛋白不耐受症，建议缓慢引进酸奶、奶酪这些奶制品辅食。

● 可以为宝宝提供手指食物。添加辅食后，每顿可以给宝宝提供一些手指食物，这对宝宝精细动作的发展很有好处。

● 引进新食物时，只做单一的食物泥。等确认宝宝对这种食物不过敏之后，可以把两三种食物放在一起做混合泥。组合规律可以参考市面上的成品辅食泥。

● 适当调味。对于那些宝宝不太爱吃的食材，可以在其中加入一些其他食材进行调味，我经常用红薯、南瓜、西梅和香蕉来调味。

03

美国喂养康复师指导8～9个月宝宝辅食喂养要点

宝宝拒绝张嘴怎么办

吃辅食两个月左右时，很多宝宝会拒绝张嘴，好像突然不爱吃辅食了。小D就出现了这样的情况，之前两个月她吃得很开心，我也大受鼓舞，每天变着花样给她搭配各种辅食泥。但第二个月月末开始，她吃饭时变得"不乖"了，我喂她时，她开始和我抢勺子。我不给她，她就闭着嘴巴不愿吃。在跟小D的喂养康复师请教后，才发现问题的根源。

▌宝宝自主意识增强▌

随着宝宝自主意识的逐渐增强，他会展现出更强的独立性，其中一个明显的表现就是想自己吃饭："我要自己来，你不要喂我！"所以，他会跟大人抢勺子、抢碗，把手伸进碗里乱抓，如果制止，他就拒绝进食。

如果之前你还没给宝宝提供过手指食物，现在就需要引进了；如果之前宝宝已经开始吃手指食物，现在可以考虑增加手指食物的种类。每次让宝宝先"自己吃"手指食物，逐渐培养他的独立意识（其实也是很好的精细动作训练方法，为以后独立吃饭做准备），然后再用勺子喂宝宝。如果宝宝想抢勺子，可以手把手教他用勺子吃饭，也可以给他一个勺子，让他自己探索。

▌不满足泥状食物▐

如果辅食添加的上一个阶段你使用了正确的喂养方式，宝宝的咀嚼和吞咽能力得到了充分的锻炼，那么从这个阶段开始，宝宝会不满足于吃泥状食物，他会觉得辅食泥很单调，从而慢慢对吃辅食失去兴趣。

解决这个问题的方法是加大辅食的颗粒，不需要像之前那么细，这样能够帮助宝宝进一步锻炼咀嚼能力。同时，从这个阶段开始，可以增加辅食的种类，让宝宝重新对辅食产生兴趣。

实操问题

▌宝宝咀嚼能力不好，该如何训练▐

小宝宝的咀嚼能力是需要锻炼的，有的宝宝很快就摸索出怎么咀嚼，但有的宝宝始终停留在含化的阶段，这就需要大人示范给他看。小D就是这样的宝宝。她一开始吃辅食时，喂养康复师建议我和她面对面坐着，让她看到我是怎么咀嚼的。需要指出的是，大人一定要用夸张的口型来演示，张大嘴巴咀嚼，而且两边都要咀嚼。喂养康复师说，闭嘴咀嚼是大人后天学会的进食礼仪，小宝宝一开始学习咀嚼都是张着嘴的，所以大人示范时要特别注意这一点。

此外，可以准备一些生的胡萝卜或芹菜条，放在宝宝后牙床处让宝宝咬，其实宝宝是咬不断的，但这个过程可以帮助宝宝锻炼口腔的肌肉，体会咀嚼的感受。这只是一个训练的过程，不是为了让宝宝吃下去，所以一定要选择比较硬的食材，而且是在大人的照看下进行，防止宝宝误吞。

▌宝宝开始吃粗颗粒的辅食后，出现干呕怎么办▐

宝宝天生具有吞咽反射，当宝宝感觉无法吞咽嘴里的食物时，就会激发吞咽反射，进而出现干呕的情况，有时还会把食物吐出来。这其实是一种自我保护的机制，也是宝宝学习吃饭的必经之路。遇到这种情况，妈妈们不要大惊小怪，这样才不会把负面情绪传递给宝宝，以免让宝宝对吃辅食产生不良的联想。同时，也不要因此而放弃给宝宝吃粗颗粒的食物，要知道，过度保护其实是不利于宝宝的成长和学习的。

制作辅食不可以用盐，可以用油吗

宝宝的发育过程中需要很多油脂，妈妈们最常知道的DHA其实就是一种油脂。小D的营养师说，亚洲宝宝的饮食普遍油脂偏少，而在宝宝2岁之前，好的油脂是有益于宝宝大脑发育的。所以，从这个阶段开始，可以有意识地在辅食里添加油脂，但需要注意选择好的油脂，比如橄榄油、芝麻油、亚麻籽油等。

一天中什么时候吃辅食

小D从开始添加辅食起，就是一天吃三顿。也有的宝宝一开始一天只吃一顿，但从这个阶段开始，要慢慢增加到一天三顿辅食。添加辅食的目的之一是让宝宝能够像成人一样一日三餐有规律地吃饭，所以从这个阶段开始，就可以有意识地调整辅食和奶的比例，慢慢地增加辅食，并减少奶量。当然，如果宝宝一开始不适应，不爱吃那么多辅食，妈妈们也不要过于焦虑，毕竟宝宝1岁之前的营养大部分还是来自奶，1岁前每天的喝奶量不要低于600毫升。

每顿辅食应该吃多少

和上一阶段相比，这个阶段宝宝的辅食量会有显著的增加。但还是要强调一下，不要过于焦虑宝宝的饭量，每个孩子的胃口都不一样，对于每顿应该吃多少其实没有硬性的规定。有的妈妈会觉得宝宝吃得不够而进行强喂，这种做法是非常错误的，因为这样很容易导致宝宝产生厌食情绪。相反，给宝宝一个宽松的吃饭环境，让宝宝自己决定吃多少，反而有助于培养一个真正的"小吃货"。

▎怎么保证辅食营养均衡 ▎

很多妈妈都会担心宝宝的辅食是否营养均衡，我也有过这样的顾虑。后来小D的营养师说，其实做到营养均衡并没有那么复杂，保证每天都有水果、蔬菜、蛋白质和谷物这4大种类食物就可以了。在这个基础上，尽可能地保持食物的多样化，最简单的一个原则就是食物的颜色尽量丰富多彩。所以，将一些食材混合搭配后做成辅食泥是不错的选择。

▎这个阶段如何自制辅食 ▎

这个阶段的辅食应该煮得久一点儿、烂一点儿。在这个阶段，我基本上已经不再用搅拌机打泥，而是把食材煮熟后直接放进研磨碗中压碎。

这个阶段宝宝应该吃哪些食物

宝宝在上个阶段吃过的食物还可以继续吃，另外还可以添加一些新的食物。

- 谷物种子类：大米、燕麦、糙米、小米、小麦、芝麻、大麦、意大利面；
- 水果类：苹果、香蕉、杧果、桃子、木瓜、梨、西梅、李子、蓝莓、草莓、葡萄、无花果、西瓜、哈密瓜、牛油果；
- 蔬菜类：南瓜、红薯、土豆、豌豆、胡萝卜、西蓝花、青豆、青菜、菠菜、芦笋、西葫芦、茄子、洋葱、蘑菇；
- 荤菜：鸡胸肉、三文鱼肉、鳕鱼肉、牛肉、鸡蛋（蛋白、蛋黄都吃）、火鸡肉、海蟹肉；
- 手指食物：以上很多食材都可以做成手指食物；
- 奶制品：酸奶、奶酪。

04

美国喂养康复师指导10～11个月宝宝辅食喂养要点

这个阶段是锻炼宝宝咀嚼能力的关键期。如果继续喂宝宝吃辅食泥，就不能很好地锻炼宝宝的咀嚼能力。此外，通常宝宝在吃泥状食物几个月后会出现厌倦情绪，这个阶段继续喂食物泥的话，会加重宝宝对辅食的厌倦情绪。结果只能靠多喝奶来补充营养，而奶量增加必然导致辅食量进一步下降，这样就会进入一个恶性循环。因此，这个阶段食物的性状应该逐步过渡到片状和块状，以更好地锻炼宝宝的咀嚼能力。

这个阶段的宝宝明显对外面的世界更好奇，探索欲也更强了，整天停不下来。这时，对于好动的宝宝来说，每天固定坐在餐椅上是一种束缚，因此也会出现不好好吃饭的情况。所以，这个阶段一定要放手让宝宝自己吃饭，这样会增加宝宝对吃饭的热情，吃起饭来也会更加专心。

实操问题

如果前两个阶段的基础打扎实，这个阶段的辅食添加应该很顺利。但还可能遇到以下的问题。

宝宝不吃辅食怎么办

这估计是该阶段最大问题，这个问题通常分为两种情况。如果宝宝只是偶尔不愿吃辅食，妈妈们无须过于焦虑，这个阶段的宝宝每顿的胃口差异很大，而且这个阶段宝宝的大部分营养还是来自奶。妈妈们应该表现得越平常越好，这样既不会过于夸大吃饭的重要性，也不会让父母的情绪影响到宝宝。让宝宝明白自己要对吃饭负责，让他学会知道饱饿。

但如果宝宝一直表现出食欲不佳的状态，就需要引起重视。这个阶段的宝宝食欲不佳通常有两个原因。一是贫血，宝宝接近1岁时对铁的需求又一次出现高峰，因此很容易出现贫血，而贫血会影响宝宝的食欲；二是食物的性状不合适，有的妈妈是根据宝宝的月龄来添加辅食的，而没有评估宝宝的实际能力，从而导致宝宝咀嚼困难，吃几口就觉得没有兴趣了。有些妈妈过于担心宝宝发生干呕而继续给宝宝喂食物泥，结果宝宝因为厌倦而不爱吃辅食。如果出现这些情况，一定要及时调整食物的性状。

宝宝的咀嚼能力不好，该如何训练

如果到了这个阶段，宝宝的咀嚼能力还是比较弱，建议先回到上一阶段来锻炼宝宝的咀嚼能力（参见前一篇文章）。坚持一段时间后，可以每次增加一点儿块状食物来进行过渡。

宝宝还没出牙，可以吃块状食物吗

在这个阶段，即使宝宝没有牙齿，他们的牙床也已经很坚硬了，完全可以用来磨碎食物。

一天的辅食该怎么安排

如果在上个阶段宝宝还没形成一日三餐的习惯，那么在这个阶段一定要形成一日三餐的规律，而且奶和辅食要一顿吃完。这有助于宝宝形成规律的作息，让他逐步建立到点吃饭的习惯。有的宝宝在三餐之间需要加点心，这可以根据每个宝宝的胃口而定。

这个阶段吃什么

在这个阶段，除了高盐、高油、有窒息风险以及之前被证实过敏的食物外，其他所有食物宝宝都可以吃。

从这个阶段开始，每顿辅食都要有三大营养品类：蔬菜、蛋白质和主食，而且要保证每天吃各种颜色的食物。这个阶段的三餐仍然不能添加盐和其他调料。

对于具体怎么做辅食，我有个"偷懒"的方法，就是对食物进行排列组合。我先罗列出小D平时经常吃的食材，每天从中选一份蛋白质食物、一份主食，再加上一到两份蔬菜来进行搭配，并且保证一周之内尽量不重样。比如，周一是三文鱼西蓝花胡萝卜丁软饭；周二是鸡肉蘑菇奶酪面；周三是鸡蛋南瓜菠菜饼，等等。这样一方面不用为每天吃什么而伤脑筋，另一方面对于一周吃什么都一目了然，可以让宝宝吃得营养丰富又多样化。

大J特别提醒

第三阶段的辅食喂养要点比之前要简单得多，这是因为辅食添加的前4个月是关键期，如果之前做得好，这个阶段就会顺利很多。

05

宝宝手指食物全攻略

小D添加辅食1个月后，喂养康复师就建议我们给小D引进手指食物，这是我第一次知道"手指食物"这个概念。喂养康复师告诉我，任何能用手拿起来吃的食物都可以叫作手指食物。像大家熟悉的炸薯条、洋葱圈、鱿鱼丝等，都可以叫作手指食物。所以，手指食物不一定是长条、手指形状的。此外，喂养康复师还和我分享了手指食物给宝宝带来的好处。

● **锻炼精细动作和手眼协调能力**。当宝宝自己抓起想吃的食物时，他们更愿意去思考怎么抓、如何放进嘴巴等，因此非常有利于锻炼宝宝的精细动作和手眼协调能力。

● **锻炼咀嚼能力**。对宝宝来说，吃饭是个学习的过程。从喝奶到吃辅食泥，宝宝开始学习更有控制力地进行吞咽，而通过吃成形的手指食物，他们能够更好地学习如何咀嚼。

● **帮助宝宝尽快过渡到自主吃饭**。一般宝宝到了八九个月时，就会去抓大人的勺子或碗里的食物，这是宝宝自主意识萌芽的阶段。这时，如果顺势为宝宝提供手指食物，就会鼓励宝宝自己吃辅食的积极性。

什么时候引进手指食物

在美国，有个很流行的概念叫"宝宝自主进食"[1]，提倡宝宝从开始吃辅

---

1 Baby-led Weaning，简称"BLW"。目前"*Baby-led Weaning*"一书的简体中文版已经由大J翻译、中国妇女出版社出版发行，中文书名为《辅食添加，让宝宝做主》。

食起就鼓励宝宝自己抓着固体食物吃，完全跳过大人喂的阶段。尽管在一开始宝宝真正吃到嘴巴里的食物很少，但通过一天多次的锻炼，宝宝慢慢就会吃得越来越好。

由于小D是早产宝宝，所以添加辅食时并没有直接实行BLW，而是从勺子喂食开始的。对于小D这样的宝宝应该什么时候引进手指食物，在美国并没有定论。主流观点是等宝宝习惯吃辅食泥之后，就可以引进手指食物。

宝宝还抓不好手指食物怎么办

宝宝刚开始吃手指食物时，一定会出现抓不好的情况，但这正是引进手指食物的目的，可以帮助宝宝锻炼精细动作。小D是个非常典型的例子，她一开始是用整个手掌抓食物，一抓就是一大把，结果还没送到嘴里，食物就几乎全掉了。经过将近4个月的练习，她才学会用大拇指和食指捏取食物，而且捏得非常精准，几乎可以独立吃完一碗辅食了。由于小D是早产宝宝，所以这个过程有点儿长，对于普通宝宝来说，学习起来会更快。

这么小的宝宝吃手指食物会被呛到吗

这恐怕是妈妈们最担心的一个问题。对于这个问题，小D的喂养康复师解释道，其实这个问题牵扯到两个非常容易混淆的概念——噎到和呛到。

"噎到"的表现是宝宝会咳嗽，会有一些干呕反应，甚至会把食物吐出来。这是非常正常的，也是宝宝学习吃饭过程中的必经之路。

而"呛到"则是另外一回事，是指食物进入宝宝的气管。这时宝宝是无法咳嗽的，由于气管被食物堵住，宝宝的脸会显得发红甚至发紫。不过要知道，宝宝出现被呛，很少是因为手指食物本身带来的，往往是因为宝宝的吃饭姿势不正确造成的，比如吃饭时身体倾斜，到处乱走、蹦跳等。同时，呼吁新手父母都学习一些婴幼儿急救常识，以防万一。

宝宝吃饭时，大人要注意以下几点：

● 人人监督。宝宝进食时，永远需要有大人在一旁看护。

● 吃东西时，永远保证坐着吃。不能斜躺甚至平躺着吃东西，这样不仅能够防止宝宝被呛，还能从小培养宝宝良好的进食习惯。

● 食物要切碎。任何大块食物都需要切成小块后再给宝宝吃。特别黏稠的花生酱也不能直接给宝宝吃，要在面包上涂抹均匀、稀薄后再给宝宝吃。

● 避免那些容易让宝宝呛到的食物。在宝宝3岁之前，不要给宝宝吃爆米花、整颗坚果、整个的小颗粒水果或蔬菜（如葡萄、圣女果等）、硬糖、棉花糖。

引进手指食物的顺序

给宝宝提供什么样的手指食物，要结合宝宝的抓握能力和咀嚼、吞咽能力而定，不需要教条地按照宝宝的月龄来提供。小D是添加辅食后1个月开始引进手指食物的，在喂养师的指导下，她经历了以下3个阶段。

▌第一阶段——长条形、方便抓，质地软烂、方便咬▌

一开始提供给宝宝的手指食物，要选择能够在嘴巴里融化的（比如婴儿磨牙饼干），或者非常软的食物（比如熟透的香蕉、牛油果，蒸熟的红薯等）。一开始宝宝是用手掌抓住食物的底部，然后把顶部吃掉。大人可以把食物切成片状、棒状或较大的块状，以便于宝宝抓握。小D的喂养康复师建议，手指食物的长度应为5厘米左右，妈妈们可以根据宝宝的情况灵活掌握。

▌第二阶段——小颗粒、手指抓，质地稍硬▌

当宝宝学会用大拇指和食指抓食物后，就可以把手指食物切成小块给宝宝吃了。小D的喂养康复师建议切成1厘米左右的小方块。食物的类型可以选择那些需要咀嚼的食物，比如奶酪、白水煮的鸡胸肉、成熟的桃肉等。

▌第三阶段——独立吃饭▐

这个阶段宝宝的抓握能力已经很精准，较小的、比较滑的食物都可以自己抓起并放进嘴里了。而且宝宝的吞咽、咀嚼能力也越来越强，这时候就可以放手让宝宝独立吃整顿饭。我会给小D准备西蓝花三文鱼意大利面、番茄鸡肉软饭等这类食材丰富又方便抓的食物。

简单、营养的手指食物推荐

▌磨牙饼干或婴儿泡芙▐

磨牙饼干是小D的第一种手指食物。一开始我给小D买比较大的磨牙饼干，训练她的抓握能力，以及练习把食物放到嘴巴。等她熟练之后，我把饼干一切为二或一切为四，以增加抓握的难度。等这个也熟练之后，再换成婴儿泡芙。需要提醒的是，选择这类婴儿饼干作为手指食物的入门时，一定要选择入口融化后会变成糊状的饼干。我之前买过一款饼干，入口后不易融化，宝宝吃后很容易出现干呕。

▌奶酪▐

奶酪是我强烈推荐的手指食物，因为其中含有丰富的蛋白质和钙元素，以及多种促进宝宝发育的营养物质。我一开始选择奶酪时比较纠结，因为美国市面上的奶酪品种繁多，不知该如何下手。后来我询问了小D的营养师，她的建议是，宝宝不能摄入过多的钠，所以选择奶酪时要阅读营养标签，尽量选择钠含量低、钙含量高的奶酪。一开始为宝宝选择奶酪时，要选择味道比较淡并且经过巴氏高温消毒的奶酪，比如马苏里拉奶酪（Mozzarella）、瑞士奶酪（Swiss），都是不错的选择。如果你买的是大块奶酪，在给宝宝吃之前一定要切成条状或丁状，以防止宝宝一次吞咽太多而噎住。

水果

大部分水果都是很好的手指食物。对于那些本身就比较软的水果，比如香蕉、桃子、杧果等，我会切成丁，在外面撒一些米粉，这样更方便小D抓握。而对于苹果等比较硬的水果，不要直接给宝宝吃，否则宝宝很容易卡在食管中，一定要先蒸软后再给宝宝吃。另外，还要注意去掉水果皮，因为果皮也很容易让宝宝噎住。

在这里，我推荐一种很好的水果——牛油果，它里面富含"好"的脂肪，非常有利于宝宝的大脑和眼睛发育。刚开始引进牛油果作为手指食物时，我把半个成熟的牛油果肉切成小块，让小D抓着吃。辅食添加2个月后，小D的咀嚼能力有了提高，我把牛油果涂在面包上，放几片去皮的西红柿，撒一些碎奶酪，然后放入烤箱，调至170℃烤10分钟左右即可。

蔬菜

蔬菜也非常适合做手指食物，大部分蔬菜只要煮软、切块就可以给宝宝吃。像红薯、胡萝卜、南瓜这类蔬菜，煮完后可以放入烤箱烤5分钟左右，这样表皮比较硬，更加方便宝宝抓握。为宝宝选择蔬菜时，要注意避免粗纤维比较多的（如芹菜）、过硬的（生的胡萝卜）和容易窒息的（樱桃、番茄）食物。

意大利面

这也是小D超级喜爱的手指食物。宝宝食用的意大利面一般比成人的更细，而且大都是车轮形、贝壳形、蝴蝶结形等，更加适合宝宝抓握。如果用大人吃的意大利面给宝宝吃也没关系，不过要煮得久一点儿，煮完后要切成小份再给宝宝。刚开始可以只煮意大利面，等宝宝咀嚼能力增强后，可以在意大利面里放鳕鱼、蔬菜、鸡肉，或撒上一些奶酪，就可以当作一顿营养丰富的辅食了。

鱼肉

　　鱼肉里面含有丰富的蛋白质、钙、铁和$\Omega-3$。选择鱼肉时，一定要注意选择汞含量少的鱼类，比如鳕鱼、三文鱼和鲈鱼等，这些鱼类含汞量少而且鱼刺不多。切记要避免箭鱼、方头鱼、马鲛鱼这些含汞量高的鱼，这些鱼类不仅不能给宝宝吃，大人也尽量不要吃。用鱼肉做手指食物时，最好先用柠檬汁泡一下，这样可以去腥，然后再煎或蒸，熟透之后撕成一片一片给宝宝吃。

06

宝宝不能吃盐，但只是不加盐就行了吗

为什么要控制宝宝对盐的摄入

钠是人体所需要的一种元素，吃盐其实是为了摄入钠。人体如果长期缺乏钠，就会造成电解质紊乱，容易产生疲累感，严重的会出现低钠血症。

既然钠这么重要，为什么还要控制宝宝对盐的摄入量呢？首先，盐不是摄入钠的唯一途径，宝宝喝的奶里含有钠，添加辅食后，很多食物里也含有钠。其次，宝宝的肾脏还没有发育完善，无法消化和排泄过多的钠。多余的钠无法经过肾脏排泄，就会重新返回血液，积累在身体里，长此以往对身体是非常不利的。此外，钠含量过高也意味着宝宝的肾脏每天都需要高负荷运转，这对于宝宝尚处在发育阶段的肾脏是有损坏作用的。

大 J 特 别 提 醒

不要用成人的思维来衡量宝宝，认为宝宝不爱吃辅食是因为"没味道"。其实宝宝的味蕾是最纯净的，他们还没有尝过各种调味料，所以认为宝宝因为"没味道而不爱吃"的说法是站不住脚的。如果宝宝从小习惯了高盐饮食，长大后就会增加患高血压的风险。

老人常说"不吃盐没力气"，是真的吗

前面提到过，如果人体的钠摄入不足，会出现疲累的现象，这就是所谓的"没力气"。但任何经验都需要放在当时的情况下辩证地看待，我们的爷爷奶奶这一代，体力劳动者居多，因此流汗比较多，流汗会带走额外的钠。那时经济条件不好，人们无法保证摄入足够的肉类蛋白质，只能选择这种廉价、快捷的方式来补充钠。如今，人们已经不再需要额外补充钠。

0～3岁宝宝每天需要摄入多少盐

1岁前的宝宝，每天最多摄入不超过1克的盐（相当于0.4克钠），这些量通过母乳或配方奶和辅食就能得到满足，因此不需要在宝宝的辅食中额外添加盐。

1～3岁的宝宝，每天最多摄入2克盐（相当于0.8克钠）。1岁以后的宝宝如果开始吃成人食物，最好在放调料前将宝宝吃的那份提前盛出来。

配料表上有盐的食物就要上黑名单吗

很多妈妈知道"宝宝1岁以内不要吃盐"的说法，于是就"谈盐色变"，最典型的例子就是拒绝让宝宝吃奶酪。很多妈妈说，看到奶酪的配料表里含盐，于是就不敢买了。其实并不是这样的，我们应该学会看营养标签，特别是关注钠和钙的含量，可以选择钙含量高钠含量低的奶酪。比如小D常吃的一款瑞士奶酪，尽管也含盐，但钠的含量很低，钙的含量比较高，这就是一款适合宝宝吃的奶酪。

不咸的食物就可以给宝宝吃吗

在宝宝两三岁时，有些妈妈会买饼干、果冻等零食给宝宝当作点心吃，

她们认为这些零食吃起来都不咸，肯定不含盐。其实这是一种错误的观点，很多不咸的食物恰恰钠含量很高。比如奥利奥奶油夹心饼干吃起来是甜的，但如果仔细看营养成分表就会发现，每100克就含有420毫克钠，所以这种饼干并不适合3岁以下的宝宝吃。

爱宝宝，请学会读营养标签

通过以上两个例子，妈妈们应该明白，不要只记得"不吃盐"，最关键的是控制宝宝对钠的摄入量。特别是市面上的宝宝食物，购买前一定要记得读营养标签，不要不明不白让宝宝摄入很多"隐性盐"。比如比萨、薯片、果冻以及所谓的"儿童酱油"等，其中钠的含量都比较高。

下面3条是我平时衡量食品含盐量常用的方法，不仅适用于宝宝的食物，对成人食物也有参考价值。

- 2.5克盐相当于1克钠；
- 高钠食物指每100克食物中含盐量大于1.5克（相当于0.6克钠）的食物；
- 低钠食物指每100克食物中含盐量少于0.3克（相当于0.1克钠）的食物。

大 J 特别提醒

在育儿这件事上，我一直追求的是知情选择。育儿本身其实是非常个人的一件事，每个人的选择都代表了自己的理念，但关键在于任何选择都是基于了解清楚的情况下做出的。

07

宝宝1岁后，怎么吃才营养均衡

为什么宝宝不像以前吃得多了

很多妈妈都会发现，宝宝1岁以后的胃口没有以前那么好了，于是就感到特别焦虑：明明宝宝比以前动得多，为什么反而吃得少了呢？其实这是很正常的现象。一方面宝宝的体重增长速度开始放缓，对热量的需求自然就减少了；另一方面，宝宝逐渐开始吃密度比较高的食物，以前可能是一碗食物泥，现在可能是几块鸡肉和少量面条，因此妈妈们会产生"吃少了"的错觉。

当然，还有一类宝宝是真的吃少了。这种情况就需要父母排查一下原因，大部分情况都是错误的喂养方式导致的。比如奶量过多，没有及时引进块状食物而错过锻炼咀嚼和吞咽能力，因为出现贫血而导致食欲不佳，等等。

当然，宝宝不喜欢吃饭还有一个很重要的原因，即宝宝的自我意识开始萌发，开始有明确的喜好，随时随地想展示自己的独立性。其中一个表现就是"我吃什么我做主，我今天不爱吃这个，所以就不吃"。宝宝的胃口开始变得琢磨不定，常常出现某一顿大吃特吃，下一顿却只吃几口就不吃的现象，或者连续几天只吃那些爱吃的，而拒绝其他任何食物。这些都是宝宝宣告独立的方式。对于这种情况，父母一定不要强迫喂食，以免宝宝产生厌食情绪。这顿不吃，可以等到下顿再吃。这次不喜欢某种食物，可以以后再尝试，很多食物都需要反复尝试10次甚至20次宝宝才能接受。给予宝宝宽松、愉快的进食环境，是解决这种类型"挑食"最好的方法。

如何保证每天营养均衡

如果按照之前3个阶段的喂养要点对宝宝进行锻炼，1岁以后的宝宝基本上可以吃大部分的成人食物了，但要注意尽量少放或不放调料，特别是盐和酱油。

通常1岁以后的宝宝每天应该吃规律的三餐，再加上午、下午各一次点心。和大人一样，三餐都需要保证以下4大营养品类的摄入：

- 红肉、家禽肉、鱼肉、蛋类；
- 奶、酸奶、奶酪；
- 水果或者蔬菜；
- 米饭、面包、面条。

大 J 特 别 提 醒

这个阶段的宝宝需要"好脂肪"来帮助大脑发育，所以父母们千万不要"谈油色变"，而是保证宝宝每顿都有"好脂肪"的摄入。我经常给小D吃的含"好脂肪"的食物有橄榄油、芝麻油、核桃油、牛油果、花生酱、杏仁酱、深海鱼类（比如鳕鱼、三文鱼）、奶油干酪等。

解读美国儿科学会推荐的1岁宝宝参考食谱（一杯=240毫升）

早餐	点心	午餐	点心	晚餐
1/2杯铁强化米粉或一个煮鸡蛋	一片吐司，涂花生酱或酸奶	1/2个三明治，肉类可选鸡肉/牛肉/金枪鱼	30~60克奶酪	60~90克肉，切丁
1/4~1/2杯全脂牛奶	1/2杯全脂牛奶	1/2杯绿色蔬菜	一把蓝莓	1/2杯黄色蔬菜
1/2个香蕉，切块		1/2杯全脂牛奶	1/2杯全脂牛奶	1/2杯米饭或面条
2~3个草莓，切块				1/2杯全脂牛奶

上面这份食谱是美国儿科学会推荐的，相信很多妈妈都不陌生。经常有妈妈拿着这份食谱问我，美国孩子真的可以吃下这么多吗？我也拿着这份食谱和小D的营养师探讨过。我得到的建议是，不要照搬食谱，美国宝宝的饮食习惯和亚洲宝宝是不一样的。1岁以后给宝宝吃什么，要结合自己的家庭饮食习惯来定，现在宝宝吃什么，将奠定他今后的饮食习惯。如果你家一直习惯吃中餐，就应该让宝宝随着你们一起吃中餐。但要保证以下几点：

● 一日三餐包括四大营养品类；

● 每餐食物尽量多样化（这和国内强调的每天吃满多少种食物的观念其实很类似）；

● 仍然需要保证奶制品的摄入量。

至于食物的量，更加不必照搬，因为每个孩子的胃口、体重都是不一样的。因此对于1岁以后宝宝的饮食，要注重食物的质量，而不是数量。

一日饮食安排

分享一下小D一天的饮食安排。我现在基本上已经不专门给小D制作食物了，通常我吃什么就给她吃什么。但我都会先把她那份盛出来，然后再放自己的调料。小D的营养师和喂养康复师都看过我这样的饮食安排，觉得这是比较合理的。我分享这份餐单不是为了让大家照搬，而是想告诉大家，不用非得照搬美国儿科学会的餐单，关键是掌握上面所说的原则，并结合家庭的情况进行变通。

早餐 (7:30)	点心 (10:00)	午餐 (12:00)	点心 (15:00)	晚餐 (18:00)
一个炒鸡蛋	半个羊角面包	胡萝卜炖牛腩（1大块牛腩，半根胡萝卜）	一碗酸奶拌果泥	一块煎三文鱼
半片面包涂杏仁酱	一块奶酪	清蒸西蓝花（3块）	半个羊角面包	炒蘑菇和芦笋（各2~3片）
一把蓝莓	1杯全脂牛奶	1/3小碗米饭		1/3碗水煮意大利面
				1杯全脂牛奶

1岁以后，小D吃饭这件事真的让我非常省心，有时看她大口大口地吃饭，连她的喂养康复师都会感叹："This is the completely new baby！（真是一个完全不一样的宝宝！）"的确，谁都不曾想到之前她是每次吃奶都会哭、吃一点儿食物泥就会干呕的宝宝。

大 J 特别提醒

　　作为一个过来人，我想告诉妈妈们，对于宝宝不爱吃饭的问题，与其只是焦虑或为宝宝补这补那，倒不如静下心认真学习每个阶段的喂养要点，只要科学喂养，每个宝宝都会成为出色的"小吃货"。

08

宝宝6～24个月吃喝方面的里程碑

就像宝宝的大运动发展一样，每个宝宝的发展速度有快有慢，吃喝方面的能力也是这样的。我分享这些里程碑的目的，不是为了让妈妈们把这些里程碑当作标准，只关注孩子达标与否，更要把它当成一种参考，从中了解哪个阶段需要提供给宝宝怎样的锻炼机会。

6～8个月：会从鸭嘴杯里喝水

添加辅食后，每次喂宝宝吃辅食的时候，可以在桌上放一个鸭嘴杯，让宝宝学习从杯子里喝水，不再只是依赖奶瓶喝奶或水。鸭嘴杯和奶瓶最类似，所以大部分宝宝都比较容易接受。从杯子里喝水也能让宝宝明白，不是只有从奶瓶或乳房才能获取奶或水，从其他容器中也可以喝到。

8～9个月：学会上下咀嚼

经过最初两个月的辅食泥添加之后，从第8个月开始，大人要把辅食泥的性状逐渐过渡到粗颗粒状，以便让宝宝学习如何咀嚼。咀嚼的过程中需要调动很多肌肉力量，因此宝宝需要时间来慢慢锻炼这个动作。宝宝最初的咀嚼是上下用力的，而且是张着嘴巴进行咀嚼的。

8～11个月：会使用大拇指和食指拿食物

在这个阶段，宝宝可以使用自己的大拇指和食指抓起小颗粒的食物。这不仅是进食技能的提高，也是很重要的精细动作发展里程碑。如果到了这个阶段，你发现宝宝还是使用整个手掌来抓握食物，就要有意识地引进一些小颗粒的手指食物来帮助宝宝进行练习。

6～12个月：从开口杯中喝水

学会从开口杯中喝水是一项很重要的技能，宝宝需要很好地控制下巴的肌肉来含住杯子，同时也需要控制手部的力量，以保证杯子不会举得过低或过高。6～12个月是宝宝学习从开口杯中喝水的关键期，可惜很多家长因为想等宝宝再大点儿才学习这项技能而错过了这个关键期。

开始练习时，可以选择一个小点儿的开口杯，大人扶着杯子让宝宝尝试喝一小口。如果宝宝咳嗽得厉害，或者被呛到，说明他还没准备好，可以过段时间再尝试。让宝宝用开口杯喝水，和用鸭嘴杯、吸管杯喝水并不冲突，宝宝每天都需要用鸭嘴杯或吸管杯喝水，而开口杯可以每隔几天让宝宝练习一次即可。

11～14个月：会从比较软的食物上咬下一小口

从宝宝10个月开始，就应该引进块状食物。一开始应该选择比较软的食物，并切成小颗粒，以方便宝宝咀嚼和吞咽。慢慢地，对于一些比较软的食物，宝宝应该学会自己咬下来。小D最初咬下的是蒸得很熟的胡萝卜和豆腐。尽管如此，在接下来的3～6个月里，还是需要把很多食物切成块状再给宝宝吃，特别是肉类。

11～15个月：会旋转咀嚼，可以咀嚼更加多样化的食物

如果不细心观察的话，你通常不会注意到宝宝的这种咀嚼方式的变化，

你可能只是发现他能够咀嚼更多、更硬的食物。这其实说明宝宝已经从之前的上下咀嚼转变为旋转咀嚼了。旋转咀嚼时，他们会运用更多的臼齿进行咀嚼（即使臼齿还没长出来，运用牙床也是一样的）。这也是在提醒大人：在这个阶段，应该有意识地引进一些比较硬或比较脆的食物。如果继续给宝宝吃很软的食物，甚至是泥状食物，宝宝就没有机会锻炼旋转咀嚼的能力。

9~18个月：会使用吸管喝水

这个时间跨度比较大，因为用吸管喝水最重要的前提是掌握吞咽的能力，而对于这项技能的掌握，宝宝的个体差异比较大。使用吸管时，宝宝很容易吸得过快，如果没有及时吞咽的能力，就会被呛到。因此，需要在宝宝已经较好掌握吞咽粗颗粒甚至块状食物后，再让宝宝练习使用吸管喝水。

我在教小D使用吸管时，用了一个小技巧，即让她使用吸管喝奶昔，奶昔比较黏稠一些，吸起来会更加费劲，这样就不用担心她因为吸得过快而被呛到。如果宝宝掌握了使用吸管杯或开口杯喝水，就尽量让宝宝少用鸭嘴杯。

12个月之后：从宝宝食物过渡到家庭食物

如果你按照之前的辅食添加要点给予宝宝足够的锻炼机会，逐步经历了"细腻的食物泥—粗颗粒食物—块状食物"的过程，那么1岁以后，宝宝就可以顺利过渡到吃家庭食物。

我一再强调，宝宝在1岁之前怎么吃比吃什么更重要，一定要有意识地引进和宝宝月龄相匹配的食物性状，这样才能帮助宝宝锻炼咀嚼和吞咽的能力。如果你的宝宝过了1岁，但咀嚼和吞咽能力还没达标，那么没有什么捷径，弥补的方式就是重新按照之前的分阶段辅食添加要点进行锻炼。

15~24个月：可以使用勺子或叉子独立吃饭

学习使用勺子和叉子，需要宝宝有很好的精细动作发展和手眼协调能力，因此从一开始就应该为宝宝提供手指食物，让宝宝练习自己吃饭，这是宝宝学会使用勺子或叉子的基础。

掌握这个技能的时间跨度比较大，取决于父母多早引进勺子和叉子让宝宝进行练习。有的家长从添加辅食开始就给宝宝一把勺子让他练习，那么宝宝自然就会更快掌握使用勺子的技能。而有的家长因为害怕脏乱，选择等宝宝大一点儿才引进勺子，这种情况下宝宝自然会掌握得晚一些。一般来说，大多数2岁的孩子都可以使用勺子或叉子独立吃饭。

24个月以后：能够安全地吃下大部分食物

2岁以后，大部分宝宝都可以吃和大人一样的食物了，而且很少出现干呕、被呛等情况。尽管如此，大人仍需注意，不要提供给宝宝容易引起窒息的食物，比如整颗的坚果、樱桃、葡萄等（这类食物至少等到3岁以后再引进）。

宝宝在练习大运动时，难免会碰伤、摔倒，但我们知道，这是宝宝成长的必经之路。对于吃喝也是一样的，如果宝宝总是吃泥状食物，他自然就没有机会锻炼咀嚼和吞咽的能力。在引进粗颗粒食物和块状食物时，宝宝难免会发生干呕，但这也是他们成长的必经之路，父母不应该因噎废食。

大 J 特 别 提 醒

本文列出的这些里程碑，不仅可以让父母了解宝宝的发展情况，更重要的是促进父母进行自我反思，看是否给了宝宝足够的机会让他们锻炼吃喝的能力。

09

吃饭时状况频出，该教宝宝餐桌礼仪了

为什么宝宝也需要餐桌礼仪

从宝宝开始吃辅食起，就逐步引进餐桌礼仪，能够让宝宝建立良好的饮食习惯。很多时候，我们常常认为宝宝还小，等他大一些再教餐桌礼仪也来得及。小宝宝其实是一张白纸，应该在他们形成"坏习惯"之前就引进好习惯。

良好的餐桌礼仪能够让宝宝更好地吃饭。我见过一些孩子，已经5岁了还需要大人追在屁股后面喂饭，或者吃一口饭玩一会儿玩具。通常越是这样的孩子，对吃饭的兴致越不高。这其中最关键的原因就是没有从小培养良好的餐桌礼仪，让宝宝错误地将"吃饭"和"得到大人关注"或"获得奖励"联系起来。

餐桌礼仪有哪些

对于这么小的宝宝，我们当然不会期望他懂得吃东西时不大声说话、不吧唧嘴巴等，但需要让他们明白一些吃饭的原则，知道哪些是对的，哪些是不值得鼓励的。在为宝宝制订餐桌礼仪时，需要结合每个家庭的情况，也就是需要问问自己，哪些是自己所在意的。

以下是我在本阶段给小D制订的最基本的餐桌礼仪：

- 吃饭前需要洗手；

- 吃饭只能在餐椅上吃，下了餐椅就不能再吃饭；

- 饭桌上不能大叫，需要东西或吃完要下餐椅时，需要用手势或语言进行表达；

- 不能乱扔餐具；

- 吃饭时不能玩玩具，不能玩手机、iPad，也不能看电视。

怎么教宝宝学会餐桌礼仪

教这个阶段的宝宝学习餐桌礼仪，最重要的是大人的言传身教。宝宝最愿意模仿的是自己最亲近的人。从宝宝开始添加辅食起，就应该让宝宝尽量和家人一起吃饭，父母要做好榜样。吃饭前，和宝宝一起洗手；饭桌上愉快、轻声地交谈，不争吵；要求其他人递菜时，要说"请"和"谢谢"；吃饭时要专心，不看电视，不看手机。这些都是在用行为示范给宝宝吃饭时应该是什么样的，吃饭是件愉快的事，也是一项社交活动。

学习餐桌礼仪不是一蹴而就的事情，一定要持续练习。一旦开始教宝宝某种餐桌礼仪，全家人就要保持一致，坚定地执行，这样才能不断强化大人对宝宝的期望，让他记得更清楚。当宝宝某些方面做得好的时候，大人需要及时肯定，正面强化。

吃饭时大吼大叫怎么办

宝宝大吼大叫的背后是有表达的需求，因此先要弄明白他为什么大叫，是饿急了，吃得高兴了，还是吃完不想继续坐在餐椅里了？

有段时间，小D吃完而我们还在吃饭时，她就会大叫。其实这是很好理解的，小宝宝的耐心有限，不可能一直乖乖地待在餐椅上。于是，我们就告诉她，如果她吃完想从餐椅上下来，可以用手势表达（比如指指地面）。

吃饭时扔餐具或食物怎么办

对于刚开始添加辅食的宝宝而言，这种行为可以适当地给予宽容。小宝宝刚接触辅食和餐具，对于他们来说，这些都是全新的东西，跟玩具没有什么区别，所以他们愿意用手摸摸或扔在地上，这正是他们探索新事物的方式。这时，父母越淡定，越不当回事越好，慢慢地等宝宝探索够就不会继续了。如果大人不断地阻止，反而强化了这种行为，宝宝会玩得更起劲。

如果宝宝已经超过1岁，这种行为有增无减，特别是超过15个月还在继续，大人就需要告诉宝宝，这样做是不对的。说的时候要看着宝宝的眼睛，用坚定的语气跟他说：食物是用来吃的，餐具是用来装食物的，都不能乱扔。看着眼睛，是确保宝宝在听你说话；语气坚定，是让宝宝明白你不允许这样的做法。

如果宝宝继续这样的行为，可以把宝宝抱下餐椅，告诉他食物是用来吃的，因为你一直在扔食物，所以这顿饭就不能再吃了，即使没吃饱也要等到下一顿才能吃。当然，不建议轻易使用这种方法，但如果反复出现这种行为，是可以尝试的，前提是全家人意见要一致，如果爷爷奶奶因为心疼而偷偷给他吃零食，就起不到效果了。

吃饭时玩玩具怎么办

▎保证宝宝在吃饭时是饿的 ▎

这个是大前提，特别是1岁以后的宝宝，要保证一日三餐规律起来，因此要控制宝宝的零食。如果宝宝不饿却强迫他坐在餐椅上吃饭，他自然会想玩玩具、耍脾气，出现各种情况。

▌提前提醒▐

每次吃饭前10分钟左右，我都会和正在玩玩具的小D说，还有10分钟我们要吃饭了哦。宝宝并不知道10分钟的意义，关键是给她一个准备的过程，而不是像以前一样，一到饭点就把她抱上餐椅，也不管她是否正玩得兴致盎然。这样的准备过程会让宝宝更好地过渡到吃饭这件事上。

▌餐桌上多交流▐

很多时候，宝宝在餐桌上玩玩具是出于无聊，自己吃得差不多了，大人还在吃饭，没人和他交流，所以才想玩玩具。基于这一点，我在吃饭时会有意识和小D多交流，谈论食物。比如："你今天吃的是什么啊？西蓝花！""西蓝花是绿色的。""西蓝花好吃吗？"这样的交流能够引导宝宝更多地关注食物，而不用把注意力放在玩具上。同时，这样也能帮助宝宝进行语言启蒙。

▌鼓励宝宝自主进食▐

为宝宝引进手指食物，鼓励宝宝自主进食。当宝宝双手忙于自己喂自己吃饭时，就会吃得更加专注，而不是想着玩玩具。

10

如何让宝宝学会用勺子吃饭

决定宝宝是否能够自己吃饭的因素有哪些

无论宝宝学习任何技能，起决定作用的无非有两个因素：能力和意愿，两者缺一不可。宝宝学习用勺子吃饭也是一样的。

下面的表格是管理学的一个模型，能够很好地用于评估宝宝的各种能力。

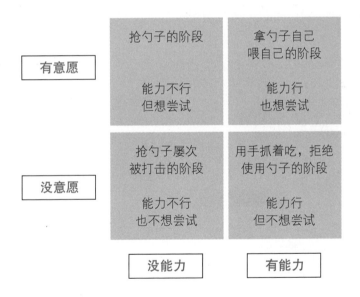

宝宝用勺子吃饭是很高级的精细动作，需要宝宝具有成熟的手部运动能力和良好的手眼协调能力。有些孩子不愿意自己拿勺子吃，根本原因是还不具备这个能力。很多家长从添加辅食开始一直喂宝宝吃饭，宝宝根本没有机会学习如何运用自己的双手拿起食物放进嘴里，父母却想当然地以为时间到了宝宝就会自己吃饭，这怎么可能呢？

有的妈妈说，我从一开始就给宝宝提供手指食物，他用手抓着吃得很好，但就是不肯用勺子吃，这是为什么呢？这就是另外一个因素，即意愿的问题。选择最简单的方式达到自己的目的，这是人的本性，孩子也是一样的，既然我用手抓着吃很舒服，为什么要选择更难的方式呢？不过，即便是这样，也有一些方法和技巧可以用来引导宝宝自己吃饭。

使用勺子的基础——能够用手指喂自己吃东西

宝宝到9个月左右开始学会用大拇指和食指捏取食物，可以更加精准地把食物送进嘴里。这是两个非常关键的精细动作，即用大拇指和食指捏取食物以及精准地将食物送进嘴里（良好的手眼协调能力）。如果宝宝还没有掌握这两个关键的能力，建议先对宝宝进行用手吃饭的训练，而不着急让宝宝用勺子吃饭。其中最重要的是提供足够的机会让宝宝进行锻炼，每餐都提供一些手指食物，不要怕脏乱，不要急着帮忙，让宝宝自己多尝试。

如何训练宝宝使用勺子

通常2岁之后的宝宝都可以独立用勺子吃饭。但事实证明，如果你一开始就提供给宝宝足够的锻炼机会，宝宝会更早学会这项技能。相反，有些宝宝一直被剥夺这种锻炼机会，因此很晚还没有学会使用勺子吃饭。

在喂辅食的过程中，宝宝有时候会伸手去抓勺子，这时就是引进勺子的最好机会。你可以给宝宝一个勺子，让他自己体验一下。一开始不用着急，允许宝宝把勺子当作玩具来玩，目的是让他将勺子和吃饭建立起联系。在你继续喂他的过程中，他会有意识地进行模仿，尝试把勺子放进嘴里尝一下。一旦看到这个信号，就可以手把手地教宝宝拿着勺子在食物里蘸一下或舀一勺食物，并放到嘴巴里，让他品尝食物的味道，进一步强化勺子和吃饭之间的关系。

当宝宝可以抓起勺子并放进嘴巴时，你就可以给宝宝一个碗。不过，宝宝很可能会把碗扔掉。这时，吸盘碗就是不错的选择，可以防止宝宝扔碗。一开始可以在宝宝的碗里少放一点儿食物，这样即使弄洒，"灾难"现场也不会很严重。你可以继续喂宝宝，同时也允许宝宝自己拿勺子舀碗里的食物。

有的宝宝一开始就可以用勺子舀起食物并送进嘴巴，有的宝宝则需要一些帮助才能完成，你可以先让宝宝自己握着勺子，然后你握着宝宝的手，这样手把手将食物送进嘴里。坚持每天、每顿进行练习，用不了多久，宝宝就会笨拙地用勺子把食物送进嘴里，之后你会发现，他自己用勺子吃得越来越多，而你喂的则越来越少。

会用手吃饭，但为什么不会用勺子吃呢

小D在13个月的时候，能够非常熟练地用手抓饭吃，但她拒绝用勺子吃，每次给她勺子时，她都会扔掉勺子，继续用手抓着吃。通过观察我发现，小D始终对勺子不感兴趣，但对叉子很感兴趣。原来我和小D吃饭时，自己是用叉子吃，却每次都让小D用勺子吃。有了这个发现后，我决定让小D先从使用叉子开始。果然她的接受度很高，很愿意模仿我的样子用叉子自己吃饭。

因此，要想让宝宝学会自己吃饭，归根到底必须让宝宝有机会模仿大人吃饭的样子，同时提供足够的机会让宝宝进行锻炼。

大 J 特 别 提 醒

其实这些道理很多妈妈都懂，但就是不愿意放手，原因无非是怕宝宝吃得少，怕宝宝弄得太脏。但如果这个阶段不肯放手，接下来的喂养就会越来越困难。请妈妈们一定要权衡利弊，放心大胆地让宝宝去尝试。

11

如何避免餐桌上的战争

我的外甥4岁，每次吃饭时面前需要放着iPad看动画片。他一边看，妈妈一边往他嘴里塞饭，每塞一口，妈妈还要提醒他"嘴巴动起来"，他才会开始咀嚼和吞咽，否则就一直含着食物。

我邻居家的女孩2岁半，挑食很厉害，每天只吃薯条和意大利面，拒绝吃其他食物，尤其是蔬菜。只要看到自己不喜欢吃的饭菜，就会用尖叫表示抗议。

公众号后台有妈妈和我说，宝宝1岁半了，长得很瘦小，总是担心他吃得不够，为了哄他多吃一口饭，什么招都用过：吃饭时给玩具，逗他笑，趁着嘴巴张开的时候赶紧塞一口，爷爷、奶奶、妈妈轮流追着喂……有时偷偷塞了一口，宝宝会犯恶心，把之前吃的也都吐出来了。

这不是吃饭，而是一场权力斗争

以上的例子都是我身边真实发生的故事。其实，没有父母不关心孩子的吃饭问题，但吃饭习惯不好、挑食厌食的孩子却越来越多，而且常常年龄越大习惯也越差。为什么孩子的吃饭问题会让我们如此头疼？因为我们把这件事的关注点搞错了，在育儿过程中，重要的永远不是孩子的行为本身，而是行为背后的情绪和心声。

从添加辅食开始，父母的态度永远是"多吃一口是一口"，总是想方设法诱骗孩子多吃；孩子想碰食物时，全家人赶紧制止：不许碰，太脏了；孩子某一天吃得不如之前多，妈妈就会自责、焦虑甚至生气……这些都让孩子对吃饭建立起最初的认知：好有压力、好脏、妈妈会不开心。孩子甚至都没有体验过全家在一起轻松愉快吃饭的经历，当任何事物和负面情绪联系起来时，他就会本能地拒绝这件事。

当孩子不喜欢吃饭时，大人出于本能想让孩子多吃点儿。没有人喜欢被控制，也没有人喜欢别人侵犯自己的界限，但在吃饭这件事上，父母每天都在自觉不自觉地控制和侵犯孩子：控制他们吃什么、吃多少；本该是他们自己的事，父母却使出各种招数，进行哄骗、贿赂、纵容、恐吓、打骂。

这正是为什么很多孩子越大反而越不喜欢吃饭，因为他们的自我意识逐步觉醒，不喜欢继续被别人控制，于是就开始了餐桌上的战争。通过父母对于吃饭的强烈反应，孩子意识到自己可以用拒绝吃饭作为抗争的武器，以逃离父母的控制，毕竟对于吃饭这件事，如果孩子不想，任何人都没办法让他吃下去！

重新对焦，各尽其责

要结束这场权力的斗争，父母最需要做的就是重新对焦，划清界限，明确父母和孩子在吃饭这件事上的权责。

▍放弃控制孩子吃饭 ▍

吃饭是孩子自己的事，他们吃不吃、吃多少都和我们无关，我们需要相信他们身体的本能，让他们自己去决定。保证孩子每餐营养均衡、品种丰富，这才是父母的真正职责。

此外，父母还要放下焦虑和担心。经过长久的餐桌战争，你应该明白，在吃饭这件事上，父母根本无法包办替代，不如把决定权还给孩子。每次吃饭时，全家人要和孩子一起吃，而不是一家人围着孩子喂饭。要让孩子明白，吃饭是一件很自然的事，是所有人都要做的事情。

每次吃饭的时间控制在30分钟以内，而且不再使用任何招数去哄骗孩子，如果时间到了，孩子不吃，就心平气和地收拾餐桌，结束这顿饭。之后孩子即使喊饿，也需要等到下一顿饭才能吃。这时父母要淡定，偶尔饿一两顿，孩子并不会有什么问题，反而会让孩子明白，到点吃饭时我就需要吃饭，否则就只能饿肚子。

▎纠正不好的吃饭习惯▎

吃饭是人的本能，当父母想控制孩子的本能时，事情就会失控。而好的吃饭习惯却是需要后天培养和父母引导的。如果父母为了让孩子吃饭而破坏了原则，放任孩子的坏习惯，事情就会更加失控。因此，父母需要把焦点放在建立良好的吃饭习惯上。

孩子吃饭时大叫、看电视、让大人喂饭等，都是非常不好的习惯，需要大人进行控制和引导。当孩子吃饭大叫时，你可以用平静的语气告诉他："吃饭时不可以大叫，如果你不想吃饭，就可以不吃。"当孩子吃饭时想看电视，你可以告诉他："现在是吃饭时间，吃饭时不能看电视。"当孩子要你喂饭时，你可以告诉他："吃饭是你自己的事，你要自己吃。"

一开始你这样做时，孩子一定会抗议，也许会变本加厉，因为他们明白，只要我哭叫、拒绝吃饭，父母就会妥协，我就可以为所欲为。因此，他们会用更大声的哭叫来表示抗议，来试探父母的底线。只要父母坚持自己的意见，那么孩子用以对抗父母的筹码就不复存在了。

我看到太多父母因为孩子的吃饭问题而搞得筋疲力尽，然而他们看到的只是孩子不吃饭的行为，却没有看到孩子想要表达的情绪，也没看到亲子关系中出现的越界问题，而这才是孩子把吃饭当作和父母抗争的武器的真正原因。不认识到这一点，餐桌上的战争就会一直持续下去。

大 J 特 别 提 醒

愿所有的父母都能心平气和地看待孩子吃饭这件事，把吃饭的权利真正交还给孩子，并且用自己的实际行动告诉孩子，吃饭是一件如此自然而然、轻松愉快的事！

Part 4

常见疾病
防治篇

——父母懂得多，宝宝生病少

01

美国儿科医生推荐的家庭必备幼儿常用药

小D刚过1岁时，我们第一次回国。当时做核磁共振显示她脑积水的情况已经稳定下来，脑外科医生说她可以坐飞机了。尽管如此，我和老公其实还是有些担忧。出发前一周，我们特地预约了小D的儿科医生，做了一次飞行前的体检。我趁此机会向医生请教回国时该准备哪些常用药，以防万一。

发热

宝宝发热是很常见的。大部分情况的发热都是病毒性的，其实无须去医院，完全可以自愈。但如果发热影响到宝宝的正常作息，就可以使用退热药，好让宝宝感觉舒服一些。

▎泰诺林▎

泰诺林是我家必备的退热药，从小D很小的时候就开始用了。泰诺林的副作用比较小，6个月以内的小月龄宝宝也可以使用。

▎美林▎

美林不适合6个月以内的小宝宝，即使宝宝已经超过6个月，如果因为发热而出现腹泻甚至脱水的症状时，也不建议使用美林。美林的适用范围没有泰诺林那么广，但这次回国前医生建议我们也带着美林。因为如果使用泰诺林不起效，可以将两种药间隔使用，每隔6小时使用一次。不过一定要注意，前提是宝宝已满6个月，并且没有腹泻或脱水的症状。

感冒

小D的儿科医生特地嘱咐，宝宝感冒后千万不要使用非处方类的止咳化痰药物。美国食品药品监督管理局和美国儿科学会都明确指出，不建议6岁以下的孩子擅自使用这类药物。

鼻塞

▌海盐水和吸鼻器▐

海盐水是完全无副作用的，可以帮助宝宝稀释鼻涕。往宝宝的鼻腔滴几滴之后，稍等几分钟，然后用吸鼻器吸出鼻腔分泌物。小D很不喜欢吸出鼻涕的过程，所以我通常只在她喝奶和睡前的关键时刻才使用。

▌薄荷膏▐

如果宝宝鼻塞严重，影响睡眠，可以在睡前在宝宝的胸口涂一些薄荷膏，以帮助顺畅呼吸。

便秘

判断宝宝是否便秘的标准是看大便的性状，而不是看排便的次数。只要宝宝排出的大便不是很干的颗粒状，排便没有困难，即使两三天没排便，也不算便秘。特别是还没开始吃辅食的宝宝，有时一个星期不排便也是正常的。小D的最高纪录是6天才排一次便。如果宝宝确实有些便秘，除非儿科医生同意，否则不能使用肛门栓剂（如开塞露）。

对于如何解决便秘的问题，小D的儿科医生建议我带一些西梅泥回国。西梅泥对小D很有效，她添加辅食后出现过几次便秘，每次都会吃西梅泥，然后我会帮她做腹部按摩，同时让她多做趴的动作，通常她第二天就会排便。

腹泻

小D的儿科医生特别指出，宝宝腹泻时不建议吃止泻药。因为腹泻时通过排泄可以把病毒排出体外，其实这是身体的一种自我保护机制，不该人为地进行制止。但腹泻时会流失大量身体必需的元素，需要通过补水或电解质来进行改善。我们在家通常使用的是电解质水，这次回国前我买了电解质粉末，这样更方便携带。

过敏

过敏是宝宝很常见的问题，通常的表现症状是流鼻涕、鼻子痒、眼睛发红、打喷嚏等。有时我们会把过敏和感冒混淆，这里有一个简单的判断方法：过敏导致的流鼻涕、打喷嚏会持续很长时间；而普通感冒一般7天左右就会自愈。不只是食物会引起过敏，有时季节转换，空气中的花粉、尘埃等，都可能导致过敏。

治疗过敏的常用药物是Benadryl（盐酸苯海拉明）。该药物是适合宝宝用的口服溶液。当宝宝出现过敏症状时，可以每隔6～8小时喂一次药，直到症状消失。需要提醒的是，如果在添加辅食过程中出现红疹，可以先观察宝宝的情况，而不是马上给药。因为这很可能是食物不耐受导致的疹子，通常会自行消退。

大 J 特 别 提 醒

宝宝的用药安全永远是第一位的，当你不能确定是否该给宝宝吃药和该给多少剂量时，一定要询问医生。如果你觉得宝宝的病情很严重，一定要第一时间送进医院，而不是先喂药，因为有时药物会改变宝宝的症状，从而干扰医生进行判断。

02

为什么在冬季宝宝容易反复感冒

导致感冒的真凶是什么

导致感冒发热的真凶不是气候温度低，而是病毒。大部分导致感冒的病毒都是通过空气传播的，也就是说，如果在宝宝的周围有患感冒的人，那么宝宝患感冒的概率就会大大增加。

此外，很多感冒病毒在潜伏期反而更容易传染，即使有的人在病毒潜伏期没有出现鼻塞、咳嗽、打喷嚏等症状，但如果宝宝接触了这些人，也很容易出现感冒的症状。

为什么冬季宝宝更容易感冒

这是我的一大困惑，因为我的确看到了这样的联系：仿佛天一冷，宝宝就更容易生病。难道真的是因为气温低或宝宝穿少而导致感冒的吗？经过小D的儿科医生的解答，我才明白，原来真凶是空气湿度。

温度降低后，空气湿度也会随之降低。湿度降低后，通过打喷嚏、咳嗽等飞沫传播的感冒病毒就会更加容易存活和繁殖。同时，因为空气干燥，人体的呼吸道也会比较干燥，当这些病毒进入呼吸道之后，很容易依附在呼吸道上，并安家落户。这就是冬季感冒高发最主要的原因。

另外一个间接的原因是不通风。天气一冷，大家习惯紧闭窗户，再加上很多人有"冷了容易感冒"的误区，就更加不会开窗通风。在密闭的室内，空气更加干燥，室内就变成病毒繁殖的大温床。

怎样帮助宝宝安全度过冬天

▌保持室内湿润、通风▌

每天保证一定的开窗通风时间，一般建议上午10点到下午2点开窗，因为这个时间段空气质量相对较好。通风的时间不用太长，通常30分钟~1小时即可。

此外，建议买个湿度仪，时刻监控室内的空气湿度。美国梅奥医学中心（Mayo Clinic）建议，冬季室内的湿度水平应在30%~60%，最理想的情况是保持在45%左右。当湿度低于这个标准时，要使用加湿器来进行改善。

▌勤洗手——包括宝宝的手和大人的手▌

勤洗手是预防感冒最简单、最有效的方法。大人每次为宝宝换过尿布后、擦过宝宝的鼻子后、为宝宝准备食物之前等，都需要洗手。同样，也要帮宝宝勤洗手，特别是宝宝在吃饭前或从外面回到家时。洗手时不需要使用杀菌洗手液或免洗消毒液，使用最简单的普通肥皂即可。

▌用自然的方法提高宝宝免疫力▌

母乳喂养、营养均衡、吃饱睡好、定期接种疫苗、多锻炼等，这些都是提高宝宝免疫力最安全也最有效的方法。关于这个问题前面的文章专门讨论过，在此不再赘述。

宝宝感冒咳嗽该怎么办

美国儿科学会和美国食品药品监督管理局都明确指出，非处方的感冒药、止咳化痰药都不能给6岁以下的孩子服用。这类药物具有抑制中枢神经的作用，使用不当会引起非常严重的副作用。对于普通感冒，使用药物并不会缩短痊愈的时间，很多时候药物只是父母的一种心理安慰，觉得宝宝感冒就应该吃药，却忽视了药品的副作用。

大J特别提醒

美国的一项调查统计显示，3岁之前的孩子平均1年会患感冒6～10次，上幼儿园后会达到每年12次。因此，孩子感冒是很平常的一件事，父母不必过于焦虑。换一个角度来讲，感冒能够帮助宝宝增强免疫系统，未必是一件坏事。

03

流感高发季节，如何让宝宝防患于未然

流感的典型症状

很多人不能很好地区分普通感冒和流感。普通感冒通常都会自愈，但患流感时一定要及时就医，以防止病情延误。因此了解流感的症状是非常重要的。

普通感冒的症状是循序渐进的，会一点一点加重，一开始是打喷嚏、流鼻涕、咳嗽，慢慢会出现发热、喉咙痛等症状。而流感的症状来势凶猛，患流感之后一两天内就会产生严重的全身症状，如浑身无力、头痛、高热等，有的宝宝还会出现呕吐或腹泻。

少数宝宝患流感后会出现非常严重的症状，如呼吸困难、皮肤发白、持续严重呕吐、失去意识等，待流感症状好转后又会反复发热。一旦宝宝出现这些情况，父母一定要及时就医，千万不要抱有侥幸心理。

宝宝患流感以后怎么办

▎尽快就医▎

如果宝宝出现前面提到的流感症状，一定要第一时间就医，以防出现流感并发症。流感本身不可怕，但对于小宝宝来说，流感会导致很多严重的并发症。因此，一旦发现流感的症状，一定要带宝宝及时就医。

注意休息、补水

对于患流感的宝宝，医生都会建议多休息、多补水、在家静养，以免再次感染，同时密切观察宝宝是否出现之前提到的严重症状。通常医生都不会对宝宝进行药物治疗，除非他们觉得真的有必要。

用药

美国市场上有两种针对流感的药物，它们无法治愈流感，但会减轻流感的症状，并且能有效缩短流感痊愈的时间。一种是药片，叫Tamiflu（特敏福）；另一种是鼻腔喷雾，叫Relenza（瑞乐莎）。不管使用哪种药物，都需要遵医嘱服用，不得自行服用。

对于抗生素，一些父母往往持两种极端的态度：一种是宝宝一生病就希望医生使用抗生素，认为这样能让宝宝尽快好起来；另一种是坚决抵制抗生素，认为使用抗生素会降低宝宝的免疫力。其实抗生素只对细菌引起的疾病有效，流感是由病毒引起的，因此如果宝宝得了流感，使用抗生素是不起作用的。但如果宝宝因流感已经引发了其他细菌性的并发症，比如肺炎、支气管炎等，就不能再讳疾忌医，应该遵照医嘱服用抗生素。

如何预防流感

接种流感疫苗

美国疾病控制中心建议，所有身体健康的人，包括大人和孩子（6个月以上）每年都应该接种流感疫苗。如果宝宝不满6个月，要保证他经常接触的家庭成员接种流感疫苗。

洗手

这是预防流感最简单也最有效的方法。不仅所有家庭成员要勤洗手，也要给宝宝勤洗手。小D会独坐之后，我每次洗手都会把她抱到水池旁，一边跟她说洗手的步骤（即下面的"洗手四部曲"），一边帮她洗手，慢慢地她就知道每个步骤该怎么做了。

- Wash Wash：冲水；
- Rub Rub：在手上涂上洗手液后互相搓，然后冲洗掉；
- Shake Shake：甩一甩手，把水甩掉；
- Dry Dry：拿一张纸巾擦干。

▍避免接触生病的人 ▍

尽量让宝宝少去密闭的空间，少接触拥挤的人群。家里如果有人生病，要尽量远离宝宝。大人每次咳嗽、打喷嚏时，都注意用手捂住嘴巴，之后要把手洗干净。家里宝宝经常接触的物品，比如玩具、游戏垫等，要注意清洁，最好每天都用清水进行擦拭。

▍增强免疫力 ▍

免疫力是抵抗病毒最好的盔甲，帮助宝宝增强免疫力是需要长期有意识去做的事情，而不仅仅是在秋季或冬季要做。这个问题前面已经讲过，在此不再赘述。

关于流感疫苗的注意事项

▍最佳接种时间 ▍

接种流感疫苗最有效的时间是每年初秋（10月份），这时接种疫苗可以给免疫系统足够的时间产生抵御流感的抗体。

每年都需要接种

每年的流感疫苗都是不同的，它是在每年流感季开始前6个月才研发出来的。研发人员会根据空气中传播的病毒来预测这一季的流感病毒，并开发相应的疫苗。因此，流感疫苗不是一劳永逸的，而是需要每年都接种。

哪类宝宝不能接种流感疫苗

● 不满6个月的宝宝；
● 上一年接种流感疫苗后出现严重副作用的宝宝；
● 接种时出现发热症状的宝宝（等身体康复后，可以补接种）。

对于鸡蛋过敏的宝宝是否可以接种流感疫苗，小D的儿科医生认为，可以接种灭活疫苗，避免减毒活疫苗，接种后需要密切观察宝宝的不良反应。因此，如果你的宝宝有鸡蛋过敏史，请在咨询医生之后再决定是否接种流感疫苗。

接种流感疫苗后肯定不会再患流感了吗

流感是由好多种病毒引起的，而流感疫苗只能预防几种比较常见的病毒。因此，接种流感疫苗后并不意味着100%不会患流感，但可以保证的是，接种流感疫苗后，即使患了流感，程度和症状也会比没有接种时轻。

流感疫苗有没有副作用

流感疫苗最常见的副作用就是接种的手臂会红肿、酸痛，有的宝宝接种后还会出现低热，这种情况一般持续2～3天后便自行消失。

04

关于发热，比体温更重要的4个问题

小D第一次发热，是在她矫正四个半月时。早上我发现她额头发烫，一测体温高达38.9℃。我当时很着急，一边让老公去拿退热药，一边打电话给小D的儿科医生，想和她确认退热药的剂量。结果医生却不紧不慢地问了我4个问题，并告诉我先不用给药。她说，面对宝宝发热，以下这4个问题比体温本身更重要。

- 宝宝有没有出牙或者打疫苗？
- 宝宝发热几天了？
- 宝宝现在的精神状态如何？
- 宝宝多大了？

宝宝有没有出牙或者打疫苗——发热是症状不是病，需要找出导致发热的原因

小D的儿科医生向我科普了一个概念，即发热是症状，不是病。引起发热这种症状的原因可能是出牙、打疫苗，或者是细菌、病毒感染。如果只是出牙或打疫苗引起的，说明宝宝并没有生病，不需要太担心，注意观察和帮助降温就好了。而病毒和细菌感染导致的发热才是病，不过这也说明当有外来"侵略者"来袭时，宝宝的身体是有能力去抵御的，这是免疫系统应该做的事。

宝宝发热几天了——大部分发热都是自愈性的，连续3天不退热要引起重视

大部分发热都是由病毒引起的，比如肠道病毒、流感病毒等。这类原因引起的发热不需要过于担心，因为它会自愈，而且经过发热的过程，宝宝的免疫系统会进一步增强。病毒性发热是自愈性的，通常3天就会好转，而且这种情况不需要使用抗生素，因为抗生素对病毒是没有作用的。

还有一小部分发热是由细菌引起的，比如细菌性肺炎、尿路感染等。这类发热要引起重视，不然会引起严重的并发症。如果宝宝连续发热3天，就需要去医院做检查，以排除细菌性发热。治疗细菌性发热一定要使用抗生素。

很多父母都担心温度太高会把宝宝的脑子烧坏，这种担心是没有根据的，因为发热是症状，不是病因。如果真有烧坏脑子的情况，一定不是发热本身导致的，而是细菌侵入大脑引起脑炎等疾病而引起的。

宝宝现在的精神状态如何——宝宝的状态比温度计的数字更有意义

很多家长觉得宝宝的温度越高就意味着病得越严重。其实并不是这样的，发热时关键是看宝宝的表现，比如是否哭闹不止，有没有食欲不佳，是否睡不好等。如果宝宝吃喝、睡觉照常，醒着的时候精神也很好，那么即使烧到39℃以上，也不需要过于担心。相反，即使宝宝只烧到38.5℃，但显得精神不振、不愿吃奶，总是昏昏沉沉的，这就需要引起注意，应该马上就医。记住，应对发热的关键不是尽快退热，而是让宝宝尽量舒服，不影响他的作息。

宝宝多大了——3个月以下的宝宝发热要重视

3个月以下的宝宝发热，不管体温多高，也不管宝宝精神如何，都需要去医院就医。因为小月龄宝宝一方面不能像大宝宝那样表现出很明确的不舒服症状，很多父母会误以为宝宝只是累了；另一方面，小月龄宝宝的免疫系统还比较弱，一旦是由细菌引起发热，容易造成较为严重的后果。

3个月以下的宝宝发热时，最好不要在家自行服用退热药，应该马上去医院检查，因为退热药会掩盖一些症状。这种情况下，需要通过验血和验尿来确定是否有细菌感染。

当然，如果发热影响到宝宝的作息，可以给宝宝服用退热药，不过要遵循下面的用药原则。

- 对于3~6个月的宝宝，推荐服用泰诺林而不是美林；
- 对于6个月以后的宝宝，泰诺林和美林都可以服用；
- 如果宝宝出现脱水或持续呕吐，不能用美林，而是用泰诺林。

在服用退热药时，需要注意的是，宝宝服用退热药的剂量是根据宝宝的体重而不是月龄来确定的，所以服用的时候一定要看清说明书。此外，退热药一天不能给得过多，不能超过说明书上的建议上限，泰诺林24小时内最多可以服用5次，美林24小时内最多可以服用4次。

大 J 特 别 提 醒

遇到宝宝发热时，不要只盯着宝宝的体温，而应该先问自己上面的4个问题。发热是宝宝成长的必经之路，是让宝宝变得更加强壮必须付出的代价，妈妈们一定要用正确的态度来看待，这样既能避免自己过于焦虑，也能给宝宝最好的照顾，让宝宝少走冤枉路。

05

巧用加湿器，预防宝宝呼吸道疾病

冬季到底要不要开空调

前面提到过，宝宝穿得过多会阻碍运动能力和触觉的发展。最常见的例子就是冬季时宝宝的大运动发展会比较慢，有的宝宝会出现讨厌被抚摸等轻微的感官失调症状。

因此，在寒冷的冬季，与其把宝宝裹成"粽子"，不如打开空调，让宝宝在室内穿单衣舒服地活动。至于空调的温度多高合适，英国的标准是16℃～20℃，美国的标准是20℃～23℃，大家可以结合自身的体感舒适度进行调整。

为什么要使用加湿器

过于干燥的空气会导致皮肤干燥，从而加速空气中细菌的滋生，还会加重宝宝已有的过敏、感冒咳嗽等呼吸道问题。使用暖气或空调后，室内的空气湿度会下降，这时就要使用加湿器来调节室内的湿度。美国梅奥医学中心建议，冬季室内湿度水平应保持在30%～60%，最理想的是保持在45%左右。

加湿器会导致宝宝患肺炎吗

市面上有一些加湿器宣称具有抗菌作用，听起来像是懒人的福音，因为这就意味着可以不用清洗加湿器。但现实是残酷的，美国的一个机构对市面上的34款加湿器进行了检测，发现即使是那些带有抗菌功能的加湿器，如果连续使用3天不清洗，喷出来的湿气中微生物的含量也会显著增加。

因此，干净的加湿器并不会导致宝宝肺炎，网络上流传的加湿器导致宝宝肺炎是因为不注意清洁加湿器才导致的。

如何清洗加湿器

● **每天一次常规清洁。**清空加湿器里剩余的水，用流水冲洗储水罐，擦干底座后重新灌入干净的水；

● **每周一次彻底清洁。**用白醋溶解水垢，然后用清洁剂或漂白剂彻底清洁整个部件；

● **收起来之前。**像每周那样进行一次彻底清洁，擦干后再收起来；

● **使用之前。**每年冬季重新使用前，仍然需要进行一次彻底清洁。

为了宝宝和全家人的呼吸健康，千万不要犯懒，即使再贵的加湿器，如果不定期清洁，也会成为滋生细菌的温床。

如何选购加湿器

▌款式▐

根据加湿器喷出水雾的温度，市面上的加湿器分为热雾加湿器和冷雾加湿器两种。考虑到热雾加湿器存在灼烧宝宝的隐患，美国儿科医生都建议使用冷雾加湿器。其中冷雾加湿器又分两大类，即超声波型和纯净蒸发型。

超声波型是目前市面上最普遍的款式，其优点是耗电少、寿命长，缺点是如果使用的水质过硬，会出现"白粉"现象。纯净蒸发型尽管没有"白粉"的问题，但噪声较大，而且需要定期更换纸芯，我个人不太推荐。

房间的面积

为保证加湿器更好地发挥作用，需要根据房间的大小来选择功率大小合适的加湿器。如果你只是希望家里的局部地区提高湿度，比如宝宝的床边，那么一个小功率的加湿器就足够了。

是否方便清洁

前面提到，加湿器最好每天、每周定期进行清洁，因此在购买加湿器时最好选择方便拆装的款式。

水箱容积

如果需要长时间使用加湿器，就需要选择一款水箱容积足够大的加湿器，以免去频繁加水的麻烦。

关于加湿器的"白粉"现象

超声波加湿器很容易出现"白粉"，这是大部分父母使用加湿器时的一大顾虑。这种现象通常出现在水质过硬的地区，因为硬水中含有很多矿物质，加湿器把水转化成水雾的同时，也把很多矿物质打碎，它们随着加湿器进入空气中，就形成了"白粉"。

大 J 特 别 提 醒

"白粉"会成为微生物滋生的温床，同时也会随着呼吸进入人体呼吸道。如果宝宝已经有呼吸道感染的问题，加湿器产生的"白粉"很可能会加重宝宝的症状。因此，小D的肺部专科医生建议，在水质比较硬的地区，使用加湿器时尽量使用纯净水、凉开水，或者购置一款水质软化器。

06

宝宝患感冒时，什么情况下需要及时就医

冬季是呼吸道疾病的高发季节，知道什么时候需要及时就医其实很重要。

小D的病情回顾

小D有一次生病，一开始的症状和普通感冒一样，去医院检查后的结果却是毛细支气管炎。那次小D从周一晚上开始发热，烧到39℃，并且伴有咳嗽，但她的精神状态挺好，因此我们只是在家进行基本护理，并没有急着去看医生。

第二天早晨，她咳嗽加剧，而且呼吸明显加重，还伴有湿痰音。她的精神不如平时好，但也算不上萎靡，我觉得还不需要就医。下午开始，我发现她的呼吸越来越重，而且有几次好像有点儿喘不过气的样子。我有点儿不放心，就带她去看儿科医生。

到医院后，护士先进行了一些基本体征的测量，包括体温、心跳、血压和血氧饱和度等。后来儿科医生检查了小D的肺和耳鼻喉，最后诊断为普通感冒，说回家好好休养就行了。但我总觉得有些不对劲儿，就跟医生强调，这不是她第一次发热，但我觉得她这次发热和以前不一样，特别是呼吸方面。儿科医生见我有顾虑，就决定重新测一下血氧饱和度。测量之后发现，确实没有刚才测量时的情况好。医生说要重新听一次肺部。这次她听了很长时间才发现，在好多次呼吸之间有很细微的哨音，如果不仔细听很难发现。最终医生确诊为毛细支气管炎。

宝宝出现发热、咳嗽时，什么时候需要去医院

目前大部分育儿书和育儿科普文章都建议，在孩子生病时，不要着急看医生。但通过这次经历，我想告诉大家，遇到小问题不着急看医生、不乱吃药并没有错，但知道什么时候需要及时就医也非常重要。回想小D这次生病，以下3点是我当时忽略的，幸好自己直觉还不错，最终还是去医院了。

● **数呼吸次数**。正常情况下，小宝宝的呼吸频率也是不均匀的，因此数宝宝的呼吸时，建议数满1分钟，而不是数15秒再乘以4，这样容易数不准。新生儿每分钟的呼吸次数高于60次、超过1个月的宝宝每分钟呼吸次数高于40次时，就需要及时就诊。

数呼吸次数的正确方法是脱掉或掀开宝宝的上衣，让宝宝平躺下来，根据腹部的起伏来数。

● **看是否凹陷**。观察宝宝的锁骨、横膈膜和上腹部在呼吸时是否出现明显的凹陷。如果出现明显的凹陷，说明宝宝的呼吸已经非常困难了。

● **听呼吸声音**。如果宝宝在呼吸过程中伴有喘声、哨音，呼吸特别急促、呼吸声重，都需要引起重视，及时就医。

什么是毛细支气管炎

毛细支气管炎是一种常见的小儿急性上呼吸道感染疾病，它会导致肺部的小支气管肿胀，黏液堵塞，影响肺部氧气的充分交换。该病常见于2岁以下的宝宝，尤其高发于冬季。

毛细支气管炎初期的症状和普通感冒一样，即发热、咳嗽、流鼻涕，但随后症状恶化的速度很快，一两天后就会出现呼吸困难，严重的甚至会出现脸色发青等危及生命的情况。

毛细支气管炎很常见，而且一般预后良好，但有几类宝宝患该病后需要额外重视，即6个月以内的宝宝、早产宝宝（特别是出生时进行过长期呼吸器支持的宝宝）和有慢性肺病或先天性心脏病的宝宝。这3类宝宝患毛细支气管炎时，如果不及时干预，很可能会出现严重的并发症。

总之，毛细支气管炎恶化速度比较快，因此越早发现和干预就越容易治疗。

痰多怎么办

美国儿科学会强调，2岁以内的宝宝不要使用非处方的止咳化痰药物，即使宣称是自然草本的药物也不建议使用。

小D这次患毛细支气管炎时也出现了比较严重的鼻塞，我使用了海盐水和吸鼻器，但没有太大的帮助。我觉得保持室内湿度应该很有帮助，所以全天24小时开着加湿器。而且在每次雾化后，我马上把她带到浴室的热蒸汽房，在那里坐10分钟。同时，我用空心掌轻拍她的前胸和后背，以帮助她更好地排痰。她半夜难受哭醒时，我就喂她喝一点儿温水，因为吞咽的动作也可以帮助她排痰，另外竖抱也可以帮助她保持呼吸顺畅。

生病期间宝宝不想吃饭怎么办

一般宝宝生病时胃口都会变差。儿科医生的建议是，宝宝不愿吃时不要勉强，他想吃什么就让他吃，不吃辅食就让他喝奶。同时监控宝宝每天是否排便6次以上，以防出现脱水现象。

如何预防毛细支气管炎

患过毛细支气管炎的宝宝，以后感冒很容易复发，因此预防工作很重要。除了增强宝宝的免疫力，最关键的就是勤洗手。引起毛细支气管炎的呼吸道合胞病毒具有较强的传染性，因此去过公共场所后，大人和宝宝都要记得洗手。同时，少去人多拥挤的密闭空间，以免增加被感染的风险。

07

宝宝打疫苗应该避免的5大误区

在美国，育儿是非常个人的事情，所以儿科医生比较尊重家长的意愿，每次说明利弊后，都用"建议"给出他们的意见，而避免用"必须"这个词，除非是原则性的问题。以下几种情况就是父母"必须"做到的：一是宝宝必须仰卧睡觉，二是宝宝坐车时必须使用安全座椅，三是宝宝必须按时接种疫苗（除特殊情况医生不让接种外）。

但是对于接种疫苗，很多父母都存在一些误区，下面就来解读一下这些常见的误区。

打疫苗的5大误区

▎误区1：有些疫苗1岁内要打好几针，其实没必要打那么多，打一针就能够保护宝宝▎

真相：很多疫苗打一次是不够的，有些需要接种几次才能起到牢固的免疫作用（比如无细胞百日咳疫苗1岁内需要接种3次）。有的疫苗每年都需要接种，以应对不断变化的细菌（比如流感疫苗需要在每年流感季开始前接种）。所以，接种疫苗一定要根据医生的要求进行，不能擅自减少或增加接种的次数。

▎误区2：宝宝感冒时不能接种疫苗▎

真相：很多父母都觉得宝宝感冒时接种疫苗会产生较大的副作用，因此在感冒期间拒绝接种疫苗。其实研究发现，轻微的感冒是不影响疫苗接种的。但如果感冒症状比较严重，甚至还有其他的并发症，如耳朵感染等，暂时不能接种。

当然，接种疫苗会产生一些副作用，比如发热、出疹子、接种处红肿等。但这些反应不常见，即使出现也是正常的，父母不必过于恐慌。接种疫苗后，如果出现荨麻疹、高热到39℃以上或出现惊厥等，需要立即就医。

▍误区3：宝宝的免疫系统还在发育当中，不能接种这么多疫苗▍

真相：1岁以内的宝宝要接种的疫苗种类比较多，但有研究表明，生活中每天都有无数的细菌或病毒在锻炼宝宝的免疫系统，从地上的细菌（比如宝宝吃了掉在地上的饼干），到食物中的病毒，再到空气中传播的粉尘等，健康的宝宝都可以应对这些挑战。专家指出，相比这些，疫苗中的细菌显得非常微不足道，而这些微不足道的细菌却可以让宝宝的免疫系统更加强大。

▍误区4：接种疫苗就是把细菌注入宝宝的身体，这样宝宝会有生病的危险▍

真相：目前大部分疫苗都是灭活疫苗，也就是说，宝宝不会因为接种流感疫苗而得流感，也不会因为接种百日咳疫苗而得百日咳。即使有一些疫苗中有活性很低的细菌（比如麻疹），引起疾病的概率也非常低，这些结论都是经过大规模临床验证的。

▍误区5：疫苗会导致宝宝自闭或其他发育问题▍

真相：这个所谓的"结论"最初来自1998年发表在美国的一本医学杂志 *The Lancet* 上的文章，这篇文章指出了疫苗和自闭的联系。后来该结论已经被全世界的科学家证实是一场精心设计的骗局。杂志专门进行了辟谣，但谣传却从未停止过。

相信科学，权衡利弊

不可否认，疫苗的确会出现副作用，极端情况下副作用还比较严重。事实上，所有的药物都有副作用，极端情况下也会出现非常严重的后果。所以，这是一个权衡利弊的过程。举个例子，如果宝宝不打麻疹、腮腺炎和风疹的混合疫苗（MMR），一旦得腮腺炎，出现并发症脑炎的概率是1/300；但因为疫苗副作用而出现脑炎的概率却小于1/100万。这样一比较，利弊就非常明显了。

08

如何轻松应对宝宝腹泻

如何确定宝宝腹泻

谈宝宝腹泻前，先来谈一谈宝宝的大便。很多妈妈容易以大人大便的标准来判断宝宝是否腹泻，这是不正确的。宝宝的大便在规律吃辅食后会慢慢成形，在这之前的大便通常都是不成形的，显得比较湿软。特别是母乳喂养的宝宝，大便会更加湿软，排便次数也更多。这些都是正常的现象，并不是腹泻。

在这个前提下，如何判断宝宝是否腹泻呢？最关键的是看宝宝大便的性状是否突然发生了改变，并且这种情况是否持续发生。此处的关键词是"突然"和"持续"。如果宝宝偶尔有一次大便突然从湿软状变成水样，其实并不需要担心。但如果宝宝的大便连续几天都呈水样，而且大便的次数也比以前增多，就表明宝宝腹泻了。

什么时候需要去医院

大多数情况下，腹泻痊愈需要的只是时间，时间到了，宝宝自己会痊愈。但如果宝宝腹泻时出现以下情况，则需要立即去医院：

- 持续呕吐；
- 出现严重的脱水现象，表现为尿量明显减少、发黄，以及囟门下陷、哭时没有眼泪等；

- 大便带血或颜色发黑；
- 昏迷；
- 3个月以下的宝宝如果伴有发热，即使温度不高也需要立即去医院。

家庭护理要点

▌补水▐

补水是处理宝宝腹泻最重要的一件事。腹泻本身并不可怕，但如果因为腹泻导致脱水，在极端的情况下可能会有致命的危险。因此，宝宝腹泻时，一定要增加喂奶的频率。如果宝宝腹泻频繁，还需要补充电解质水。有的宝宝因为腹泻导致不爱喝奶，这时可以增加电解质水的补充。由于电解质水都是水果口味的，口感比较好，所以宝宝的接受度普遍比较高。补充电解质的方法按照说明书即可。

▌营养丰富的饮食▐

添加辅食后的宝宝即使腹泻，只要不影响胃口，也建议正常喂养，只要不吃刺激肠胃的食物即可。在美国，对付宝宝腹泻有个传统的菜单"BRAT"，即B（香蕉）＋R（米粉）＋A（苹果泥）＋T（吐司面包）。小D的儿科医生说，这个并不是止泻的菜单，只不过这个菜单上的食物都是低纤维的，而且提供了比较均衡的营养，因此很适合腹泻的宝宝吃。

对于亚洲宝宝而言，完全没必要照搬这个菜单，只要按照宝宝平时的饮食习惯喂养即可，唯一要注意的是不要再添加新的辅食。中国传统的观点认为，腹泻后应该吃清淡的食物，甚至需要饿一饿，这种观点其实是不太科学的。美国儿科学会指出，营养丰富的饮食（同时包含蛋白质、谷物和蔬菜），能够缩短腹泻的时间，因为补充的营养素可以帮助宝宝对抗体内的感染。

此外，如果宝宝腹泻期间食欲不佳，甚至有些消瘦，也是正常的，不用过于担心。等腹泻痊愈后，这些症状就会消失。

▌补充酸奶▐

美国不建议给宝宝补充益生菌，建议添加辅食后的宝宝通过吃酸奶来补充肠道内的有益菌。但要注意，选购酸奶时一定要看清配料表，给宝宝喝的酸奶要尽量少含或不含添加剂、防腐剂，最好不含糖和蜂蜜，但一定要含有活性菌。

▌注意臀部的护理▐

宝宝腹泻时，为防止红屁股，一定要勤换尿布。每次换好后，要在宝宝的屁股上涂抹护臀霜。如果宝宝已经出现红屁股的现象，每次换好尿布并清洗完宝宝的屁股后，可以用电吹风（暖风挡）吹干，然后涂上治疗红屁股的软膏。

可以给宝宝服用非处方止泻药吗

宝宝腹泻时不建议服用止泻药，因为腹泻时可以把病毒排出体外，这是身体的一种自我保护机制，不该人为地制止它。美国食品药品监督管理局指出，非处方止泻药对婴幼儿有潜在的危险，不建议随意服用。

如何预防腹泻

预防腹泻最重要的环节是勤洗手。在小D出院前，医生和护士反复强调了这一点。护理人员在接触宝宝前需要洗手，宝宝在饭前、便后以及从外面回到家里时也需要洗手，以防病从口入。

美国儿科医生建议，宝宝应该在2个月和4个月时各接种一次轮状病毒疫苗。该疫苗并非美国必需接种的疫苗，却是医生强烈建议的。接种方法是每年口服一次，一般是在秋季开始时服用。接种轮状病毒疫苗并不意味着宝宝就不会腹泻，但即便发生腹泻，出现的症状也会轻很多。

Part 5

早教启蒙篇

—— 帮助宝宝开启最佳的人生开端

01

宝宝1岁内认知能力发展里程碑

小D从矫正3个月开始，有一位认知老师专门负责她的认知能力发展，老师跟她一起玩，让她在游戏中学习和发展。那时我才意识到，原来玩对于宝宝来说如此重要。在和认知老师的交流过程中我发现，原来1岁以内宝宝的认知能力发展和大运动发展一样，有一些标志性的里程碑，父母的适当介入能够帮助宝宝获得更好的发展。

0~3个月

▋关键的里程碑：建立安全感▋

这个阶段的宝宝还不明白爸爸妈妈离开他之后也是存在的，也不害怕陌生人，谁抱他都很喜欢。在这个阶段，父母对宝宝要做到有求必应，这样能够帮助宝宝建立良好的安全感，让宝宝相信这个世界是安全的，这对他今后认知能力的发展非常有好处。

▋父母可以这么做▋

最初3个月是父母和宝宝互相熟悉、建立信任的时间，要多让宝宝看妈妈的脸，不管宝宝哭还是笑，妈妈都要及时回应他。妈妈每天最好和宝宝有一段肌肤相亲的时间，比如给宝宝做抚触、洗澡等。不要小看这些简单的事情，这是宝宝未来发育和发展的基础，只有宝宝得到足够的爱和安全感，才能有信心去学习新的技能。

3~5个月

▎关键的里程碑：因果关系▎

这个阶段，宝宝对外面的世界更加好奇，也愿意探索周围的人和事物。宝宝逐渐开始明白"因果关系"，即他的一个行为可以引起一个结果。比如，宝宝明白音乐盒只有按下某个键才会发出声音。所以，他会去够玩具、抓玩具、吃玩具，敲打玩具发出声音等。这些都表明宝宝开始用自己的方法去探索世界，表明他的小脑袋已经开始运作起来，懂得思考了。

▎父母可以这么做▎

在小D 3~5个月时，我给她准备了摇铃、会发出声音的球、不倒翁等玩具，让她自己进行探索。一开始，我会跟她一起玩这些玩具，比如碰不倒翁等，慢慢地她就明白了玩具的"因果关系"。但要注意的是，不要一次给宝宝过多的玩具，尤其是声光电玩具，这样容易分散宝宝的注意力，不能让宝宝专心地探索。

大 J 特 别 提 醒

从这个阶段开始，父母要保护好宝宝脆弱的"探索欲"。比如，小D在矫正5个月左右开始喜欢敲打玩具，敲得越大声她越感兴趣。千万不要因为担心损坏玩具而阻止宝宝这样做，相反，应该用夸张的表情和声音鼓励宝宝的探索行为。这个阶段父母要做的就是少干预、多鼓励、多肯定，让宝宝自己去探索事物之间的因果关系。

5~7个月

关键的里程碑：空间关系

在这之前，宝宝看到的世界是二维的。从第5个月开始，宝宝突然发现世界原来是立体的。宝宝开始明白事物不是独立存在的，开始对事物之间的运作方式有了初步的印象，知道事物与事物之间是有关系的。比如，一个玩具可以放在另一个玩具上面，东西可以放在盒子里，等等。

父母可以这么做

小D从大概矫正6个月开始，突然对各种瓶瓶罐罐和盒子特别感兴趣。无论我们给她买了什么礼物，她最着迷的总是那些包装盒，这是因为她开始对空间感兴趣。她慢慢明白，原来盒子里可以放东西，可以关上和打开，还可以叠高或推倒。那段时间，我到处收集各种空容器给小D玩，包括矿泉水瓶、首饰盒、透明的塑料盒、纸杯、金属茶叶罐等，这些容器材质不同、形状各异，很好地激发了她探索空间的欲望。比如，我引导小D把积木放进一个透明的塑料盒子里，然后把盒子倒过来，积木就掉了出来。通过我的演示，小D明白了原来盒子可以装东西，接下来就开始翻各种盒子，把里面的东西倒出来，把积木放进去，乐此不疲。

7~9个月

关键的里程碑：事物永久存在性

在这之前，宝宝一直以为东西不在视野里就是消失了。从第7个月开始，他开始明白原来事物是永久存在的，物体离开他的视线后其实还是存在的。比如积木从他的手中滑落时，他会随着滑落的方向去寻找，而不是以为积木消失了。

好长一段时间内，我都以为小D无法理解事物的永久存在性。每次她的玩具掉后，她的眼睛不会随着玩具去找，反而会来看我。有一次，小D的老师看到后，发现问题出在我身上，因为每次小D的玩具一掉，我总是立刻给她一个新玩具，完全没有留给她反应的时间。在那之后，小D再掉玩具时，我会先等3秒，看她会不会去找玩具，或者看着她说："呀，玩具去哪儿了？"然后，我会用手指引导她去看掉下的玩具。几次以后，她自己就明白了。有时候，妈妈做得少一些，反而会给宝宝更多的空间去探索和思考解决方案。在小D明白"事物永久存在性"之后，我开始和她玩"躲猫猫"的游戏，以更好地帮助她强化这个概念。

9~12个月

关键的里程碑：回想记忆和模仿能力

在这之前，宝宝的记忆都是"认知记忆"，这种记忆非常短暂，只是记住当下发生的事情，转身就会忘记。从这个阶段开始，宝宝开始有"回想记忆"，可以记住过去几天发生的一些事。再加上宝宝的模仿能力比较强，你会发现自己几天前对宝宝做过的某个动作，在几天之后宝宝突然也会做了。

这段时间也是宝宝分离焦虑的第一个爆发期。由于他明白了"事物的永久存在性"，知道即使看不到妈妈，妈妈也是存在的。所以，他会用大哭大叫来表示反抗，希望妈妈能够回到他身边。

父母可以这么做

在这个阶段，我开始有意识地锻炼小D的语言能力。一开始，我和小D面对面坐着，我用夸张的口型教她说"up"，可是发现她根本不知道我在干什么。但她每次都会在我不经意的时候突然冒出一个几天前教给她的单词。开始我觉得这可能是因为小D的学习能力不强或反应慢造成的，后来才意识到宝宝的记忆与模仿方法和大人是不一样的。他们不像大人那样，每天有专门的学习时间，而是时时刻刻都在模仿大人。由于他们有了"回想记忆"，所以看到大人的行为就会记住，过一段时间就会模仿着做出来。如果这种模仿得到大人的鼓励，他们就会不断地进行模仿。

大 J 特 别 提 醒

宝宝学会任何一种新技能时，就好像大人突然学会了飞，这是一种怎样的感受？你肯定想不断尝试和炫耀。但如果有人跟你说"你不能飞，必须走"，你又会是怎样的感受？你会受到打击，会感到沮丧，甚至接下来再也不愿意去学习其他技能了。宝宝的认知能力发展过程也是这样的，父母要理解他们那些看似调皮的行为，给予他们更多的鼓励和肯定，这样他们才能得到更好的发展。

02

我从美国的音乐早教班学到了什么

早教班给我的启发是什么

▌宝宝需要全方位的感官发展▌

我以前一直有一种误解，觉得宝宝去上音乐早教班就应该多听乐器演奏、多听音乐。其实美国的音乐早教班会把抚触、大运动、精细动作和语言发展都融合在音乐里。我特地跟早教班的音乐老师讨论过，她说，当宝宝的全部感官都被调动起来时，他们会更有效地接收信息。

在音乐早教课上，我学会了一边唱 *"Head, Shoulder, Knees & Toes"* ，一边摸小D的头、肩膀、膝盖等，让她认识自己身上的这些部位；我学会了把她放在大腿上一边前后摇摆，一边唱着 *"Row, Row, Row Your Boat"* ，来锻炼她的前庭觉（平衡能力）；我通过 *"Patty Cake"* 教会了小D拍手，等等。

我从来没有生硬地问小D：你的眼睛在哪里？也从来没有傻乎乎地自己拍手试图教会她。这些技能基本上都是通过这些歌曲，她自然而且愉快地学会的。

▌当宝宝注意力集中时，学习能力更强▌

小D在矫正8个月时还无法发出辅音，跟其他小朋友比起来有些落后。我曾经像复读机似的对着她发音，试图教会她，但她完全没反应。后来去上音乐早教课时，老师教了 *"Old MacDonald Had A Farm"* ，里面有各种各样的动物叫声，每次老师教唱后，都会问："What does the sheep say？（绵羊是怎么叫的？）"同班的孩子都会一起大叫："Ba——"。几节课之后，小D竟然也能发出羊叫、牛叫等声音了，这时自然而然地就发出了辅音。

这件事对我的启示非常大，让我真正明白了"兴趣才是最好的老师"。当小D不感兴趣的时候，她的对外接收器是关闭的，这时无论我们怎么教她都是徒劳的。对于语言发展也是如此，只有当宝宝对某个事物感兴趣时，我们告诉她那是什么，她才能学会。

▎高质量的亲子陪伴 ▎

这一点说起来很简单，但做起来非常不容易。有多少父母陪着孩子玩的时候，还在想着自己的工作或在低头看手机？抑或为了得到一张好看的萌娃照而不停地拍照？但在早教班里，大人必须和宝宝在一起待45分钟，这期间需要排除一切干扰，尽情陪宝宝玩耍。其实大人在陪宝宝时是否有诚意，宝宝是可以感受得到的。这样的早教班，尤其适合那些不知道怎么跟孩子互动的爸爸们。每次小D爸爸带小D参加早教班回来，都会热情高涨，一定要和小D再玩一下新学到的游戏。

你对早教班的期望是否有误区

▎误区1：去早教班的目的是学习 ▎

这里要区分两个容易混淆的概念，即"早教"和"早教班"。早教对宝宝来说是非常重要的，早教的过程体现在每时每刻跟宝宝的互动中，而不是仅仅指望每周一两次的早教班来完成。如果你期望宝宝参加音乐早教班后可以唱几首歌或摆弄几下乐器，那么你一定会失望的。所以，请调整自己的预期，少一点儿功利心，也许你的收获会更大。

误区2：宝宝不合群，不爱和其他宝宝玩儿

很多妈妈带小月龄宝宝去参加早教班后，经常会得出这样的结论。其实，孩子的发展有自己的内在规律，比如三四个月时宝宝不怕生，到了6个月以后就变得怕生。这其实说明宝宝的认知进一步发展，能够区分生人和熟人了。2岁以前的宝宝玩耍时是平行玩耍，也就是说，即便其他宝宝在场，宝宝们也是自顾自地玩耍，他们之间几乎没有互动。等到3岁左右，宝宝才开始学会互动玩耍。这是非常正常的发展规律，父母们千万不要妄下结论，随便给宝宝贴上标签。了解这些后，父母可以带宝宝去接触其他的孩子，但需要尊重宝宝自己的意愿，不要强迫宝宝和陌生人打招呼或者和其他宝宝互动。

误区3：去早教班是为了让宝宝学习，而不是让大人学习

其实，与其说上早教班的目的是教宝宝，不如说早教班是在教父母如何跟宝宝互动。每次带小D去早教班，对我来说都是很好的学习过程，我可以学习如何跟小D互动，如何把音乐融入家庭生活中，如何让小D每天在家都像去早教班那么开心……小宝宝的使命是"玩"，而不是"学习"，玩得越多，玩得越深入，他大脑的潜力就开发得越好。因此，父母可以借助早教班来学习如何更好地帮助宝宝进行发展。

可不可以在家上早教班

其实早教班的很多方法都可以在家实施。比如，我在音乐早教班上学到的一些方法，就经常在家里尝试。

创造一个音乐的环境

如果可以，请关掉电视机，每天给宝宝放一些音乐，可以是古典音乐，也可以是童谣。如果你想有意识地培养双语宝宝，可以每天中英文歌曲轮流切换给宝宝听。这些潜移默化的"磨耳朵"过程，就是一种很好的早教方法。

尽可能地调动宝宝的五感

给宝宝做被动操、抚触时，要看着他，对他说话或者温柔地唱歌；唱儿歌时，最好配合肢体语言，一开始宝宝不会时，可以手把手教宝宝做，等宝宝大了就会自己模仿。

用心陪伴

这一点再怎么强调也不过分。参加早教班后，我每次和小D一起玩的时候，就把手机放在远处。无法触手可及时，就不会再想着给她拍照，也不会想看朋友圈。就是这样一个小小的举动，大幅度提高了我和小D亲子互动的质量。

大J特别提醒

我很享受带小D去音乐早教班的经历，每次看到小D出神地看着老师演奏，开心地和我一起唱歌，好奇地看着其他宝宝一起敲鼓，我就觉得特别满足。这就是我对于早教班的期望，让她快乐，让她知道外面还有一个和家里很不一样的世界。

03

1岁以内宝宝的语言启蒙

0～3个月——被动接收期

▌宝宝的特点▐

这个阶段的宝宝除了哭，大部分时间不怎么发声音，但妈妈们千万不要忽略这段时期的语言启蒙。小D的喂养与语言康复师说，宝宝通常对妈妈的声音会有偏好，他们是通过观察妈妈和周围人的互动来被动接收语言信息的。他们会把头转向有声音的方向，当我们对着宝宝说话时，他们会非常认真地听，有时还会笑。有些宝宝在第3个月末会发出一些元音，比如"a""o"等。

▌我这么做▐

从小D一出生开始，我就近距离对着她的脸跟她说话，给她唱歌。每天我和她做任何事时，我都会用陈述句说出来，比如"小D和妈妈一起吃饭""我们去换尿布了"。

当小D第一次无意识地发出"a"的声音时，我就模仿她发音，她觉得很有趣，会继续尝试。之后她每次发出这些没有意义的声音时，我都会去模仿，然后再加上一些"真正的语言"。比如她发出"o"的声音后，我会说："哦，原来你说的是这么回事啊。"模仿宝宝是给宝宝正面鼓励，再加上一些其他的话，是为了让宝宝明白"交谈"的含义，他会知道"原来我说一句，妈妈就会回一句"。

4～7个月——咿咿呀呀期

宝宝的特点

这个阶段的宝宝开始注意大人说话的细节，他会注意到每个词语发的声音是不同的，声调是有变化的。宝宝开始会说一些辅音，比如"ba""ma"。当我们叫宝宝的名字时，他开始有反应，也会用不同的声音来表达自己的情绪。

我这么做

当小D发出一些简单的辅音时，我会用这些辅音组成一个词语，然后说一个句子。比如她说"ba"，我就会说："b-a，ba ba，他是你的爸爸。""b-ei，bei，这个是杯子。"要注意的是，说任何词语的时候，都要指向词语对应的人或物体，这是语言启蒙的关键点。一定要把词语和事物联系起来，而不要撇开语境独立教词语，否则对宝宝来说是毫无意义的。

8～12个月——"火星语"小话痨

宝宝的特点

如果之前跟宝宝的互动建立得比较好，这个阶段的宝宝会发出更多咿咿呀呀的声音，也越来越明白大人说话的意思。比如，你说一个他最喜欢的玩具的名字，他会停下来看着你，好像明白了你的意思。他会用一些动作配合自己的"火星语"来表达自己的意思，比如用手指向自己想去的地方，挥手表示"再见"等。

我这么做

从这个阶段开始，我对小D说话时开始有意识地用简单的句子帮助她把一些词语和她的日常动作及生活用品联系起来。比如，每天起床时，我会对她说"起床"，看到奶瓶，我会指着奶瓶说"奶瓶"。慢慢地，小D看到奶瓶会说"nao"，其实她是想说"奶"，但不用去纠正她，而是让她看着我的嘴型，我慢慢地说："奶瓶，你想说'奶瓶'对吗？"也就是说，要强化正确的发音，而不是纠正错误的发音。

此外，跟宝宝说话时要尽量避免婴儿语，比如"吃nei nei"等，听起来很可爱，但对宝宝的语言发展并没有好处。大人对宝宝说的话还要前后一致，不能今天指着猫对宝宝说"这是猫猫"，明天又说"这是猫咪"，宝宝会被搞糊涂的。

语言启蒙的其他一些小技巧

● 让宝宝看着你的嘴型。对宝宝说话时，尽量和宝宝平视，这样可以让他看到你发音时的嘴型；

● 控制电子产品的使用时间。尽量不使用电子产品，因为电子产品对宝宝的眼睛会有伤害，而且宝宝对电子产品的接收是被动的，不利于语言和认知的发展；

● 读绘本。选择一些图大字少、读起来朗朗上口的绘本，每天读给宝宝听，将非常有利于宝宝的语言发展；

● 唱儿歌。每天和宝宝一起唱儿歌，同时配合一些手势，是很好的亲子游戏。

大 J 特 别 提 醒

语言启蒙听上去很玄妙，其实就是父母每天高质量的陪伴，多和宝宝互动，再加上一些顺应宝宝每个阶段发展的技巧，就可以起到语言启蒙的作用。

04

聪明的宝宝会玩，聪明的父母会教

0～6个月

▌建立和周围人的连接▐

宝宝来到这个世界上的第一个任务，就是和照顾他的人建立连接。比如，当你对宝宝说话时，他会看着你，变得安静起来。同时，他也会通过把脸转过去、闭上眼睛、哭闹等方式表明自己不想再进行互动了。在这个阶段，宝宝的视力也会慢慢变好，逐渐可以看清楚远方的东西了。

◆适合的玩具

- 你；
- 黑白对比强烈的卡片；
- 彩色摇铃。

◆父母可以这样做

在宝宝的视野范围内（通常是25厘米～40厘米）缓慢移动一个彩色的玩具，看宝宝的眼睛是否会随着玩具移动。这是最基础的追视训练。

一手拿一个摇铃，先用左手摇几下，等几秒看宝宝是否会注视左手上的摇铃，然后再用右手摇几下，看宝宝是否会注视你的右手。这是转换注意力最基础的方法，即宝宝会对自己感兴趣的物体产生注意力。

学习抓握

宝宝看到一个感兴趣的物体后，会朝那个方向伸手，试图抓住它。这是最基础的手眼协调能力的发展。随后，宝宝学会把一个玩具从左手转移到右手，这是最基本的双手配合能力。

◆ 适合的玩具

● 大人的手指；
● 适合抓握的玩具，比如摇铃、积木等。

◆ 父母可以这么做

在一定距离给宝宝两个不同的摇铃，鼓励宝宝自己去握喜欢的那个。

给宝宝两个玩具，等宝宝先抓住一个玩具后，再给他第二个。一开始，他会扔掉之前的玩具去抓第二个玩具。慢慢地，他就学会一手抓两个玩具，这表明他的抓握能力进一步提高了。

用嘴巴来探索物体

宝宝通过把东西放进嘴巴来探索他周围的事物。嘴巴是宝宝生命最初最敏感的一个器官，通过嘴巴宝宝可以更好地了解物体的材质、形状、大小、味道等。

◆ 适合的玩具

不同材质、不同形状的玩具，比如布书、积木、咬咬胶等。

◆ 父母可以这么做

给宝宝干净、安全的玩具，让他们尽情地放在嘴里咬。同时，要定期清洁宝宝的玩具。

练习趴着

趴是这个阶段的宝宝很重要的一种游戏，它能够帮助宝宝锻炼肌肉。一开始宝宝只能勉强抬头几秒，慢慢地可以很好地抬起头，之后就可以用肘部支撑起身体，最后能够用手支撑起身体。

◆适合的玩具

● 你和宝宝一起趴着互相对话；
● 镜子。

◆父母可以这么做

从宝宝出生开始，准备一个游戏垫，每天只要宝宝醒着就争取让他趴着，一开始少量多次，慢慢延长时间。

6个月~1岁

▌重复游戏▐

这个阶段的宝宝喜欢重复他们感兴趣的活动。重复能够帮助他们掌握新的技能，明白因果关系。

◆适合的玩具

摇铃、音乐玩具、积木等。

◆父母可以这么做

让宝宝自己先尝试怎么玩玩具。比如，让他自己发现按一下按钮人物就会跳出来。如果宝宝有按按钮的意识，却无法很好地对准或按动按钮，可以把你的手放在他手上一起完成，而不是你直接帮他按。这个过程就是在教宝宝如何做。

让宝宝重复游戏。如果宝宝把你搭的积木塔推倒，你就再搭一个，再让他推倒。不断重复，直到宝宝失去兴趣为止。

▌学会手指握▐

手指握是宝宝进阶版的精细动作，这个动作对手指肌肉的协调能力有很高的要求。学会手指握之后，宝宝就可以捡起非常小的物体，这是他今后掌握吃饭和写字技能的基础。在这个阶段，宝宝也学会了用手指东西，比如用手指着奶瓶表示要喝奶，这是他与人进行交流的基础。

◆适合的玩具

● 大块拼图（拼图上面带把手）；

● 触觉书、洞洞书。

◆父母可以这么做

让宝宝尝试用大拇指和食指握住拼图上面的把手，把拼图拿出来。一开始宝宝并不知道怎么做，大人可以演示给他看。多练习几次之后，宝宝就会掌握。

准备一些触觉书、洞洞书，在读书的同时，鼓励宝宝用手指去探索书里的内容。

了解事物之间的联系

当宝宝在玩叠叠乐或形状盒时，就是在了解不同大小和形状的东西之间的联系。他们通过扔进去、倒出来等过程来理解事物是怎么联系起来的，通过不断地试错来提高解决问题的能力。

◆适合的玩具

● 形状盒；

● 大积木和容器；

● 叠叠乐。

◆父母可以这么做

向宝宝演示两个玩具的关系，比如把积木扔进盒子里，拿两块积木互相敲打或叠起来等。这个过程能够让宝宝扩展玩耍的技能，而不只是停留在观察和触摸阶段。

给宝宝一个叠叠乐，一开始大人需要演示给宝宝看，之后可以让宝宝自己尝试解决问题。

▍语言启蒙▍

即使宝宝还不会说第一个词语，但他们其实已经在和大人进行"对话"了。这个阶段和宝宝交流时，需要给他们留下反馈的机会，而不只是大人自己不停地说。

◆适合的玩具

● 绘本；

● 儿歌；

● 手指游戏。

◆父母可以这么做

帮助宝宝"翻译"他们的声音。比如，当你给宝宝唱儿歌时，他笑着挥舞手臂，你可以说："你喜欢这首歌啊，我们再唱一遍吧！"让宝宝知道你懂他，同时也是在鼓励他更好地表达。

可以给宝宝做一本书，里面画上他熟悉的家庭成员、宠物、最爱的玩具等，并把每张图片都标上名字，这样在为宝宝读这本书时，能够让宝宝认识身边熟悉的人和物。

大 J 特 别 提 醒

记得小D住院时的NICU主任说过，宝宝认知能力的发展，三分是天生的，七分是通过父母和环境学习的。所以，父母不要再说不知道该怎么和孩子玩了，聪明的宝宝会玩，聪明的父母更要会教！

05

巧用角色扮演游戏化解育儿难题

1岁以后，我开始有意识地和她玩各种角色扮演的游戏，让她扮演妈妈、医生、厨师等，围绕着各种各样的情景进行玩耍。让我没想到的是，很多育儿过程中出现的难题，如不想睡觉、不爱刷牙、害怕打针等，竟然也通过这样的扮演游戏得以化解。

每晚我把小D放在小床上后，就会给她一个娃娃和一本绘本，然后跟她说："现在娃娃要睡觉了，小D妈妈可以给娃娃读读绘本，哄她入睡吗？"她不再像以前那样舍不得我离开，而是爽快地和我说再见，然后一个人在小床上开始履行当"妈妈"的义务，对着娃娃叽里呱啦说一会儿就慢慢入睡了。

之前小D每次去打疫苗都会哭得撕心裂肺，现在每次去打疫苗之前，我就会和她玩假扮医生的游戏。小D扮演医生，我当病人，她给我打针，我趁着游戏告诉她打针的重要性。等到真正打疫苗时，她不再大哭大闹，而是乖乖地配合医生。

为什么角色扮演游戏如此神奇，它到底有哪些好处呢？

帮助孩子了解自己和世界

宝宝学习任何技能都是通过观察他人并进行模仿实践，从而内化为自己的技能的，而角色扮演的游戏为宝宝提供了一种有效的途径，能够让他们随心所欲地体验周围的世界。这一点在宝宝玩娃娃时表现得特别明显。比如，小D喜欢扮演"妈妈"哄娃娃睡觉，这正是她通过模仿我照顾她的方式来掌握这些技能的。

帮助孩子释放情绪

宝宝也会有压力和情绪，很多时候大人是无法感同身受的。比如很多宝宝害怕打针，即便大人告诉他无数次"没事的，疼一下下就好了"，对宝宝来说也是苍白无力的，他还是会感到害怕。而通过医生扮演的游戏，可以帮助宝宝提前预演这样的经历，在游戏过程中宝宝的情绪得到了释放，当下次真的遇到这样的情况，他就会更好地去应对。

我们有个小邻居Quinny，今年5岁。每天放学回家，妈妈就会和Quinny玩"老师和学生"的游戏，女儿扮演老师，妈妈扮演学生。妈妈几乎不用特地询问学校发生了什么，通过角色扮演的游戏，女儿自然而然就把一天中发生的开心、难过的事情分享给她。

帮助孩子发展综合能力

角色扮演的游戏比一般的玩耍复杂得多，大人可以引导宝宝把之前遇到的场景和技能运用到游戏中，这个过程能很好地锻炼宝宝的记忆、思考等能力。

我曾经邀请过几个两三岁的孩子和小D一起玩逛超市的游戏。在游戏过程中我发现，角色扮演游戏能够让不同年龄的孩子综合运用自己所学到的技能，发挥各自的特长。比如，小D会把蔬菜、水果放进篮子里（整理归类的技能）；3岁的孩子会尝试数各个篮子里的蔬菜和水果，并说出大概需要多少钱（数学的早期启蒙）；3岁半的孩子则自导自演，说："孩子们，我们买些土豆吧，晚上做炸薯条吃。"（想象力和语言表达）

如何帮助孩子玩角色扮演的游戏

谈到角色扮演游戏，很多人觉得就是玩"过家家"，其实"过家家"只是角色扮演游戏的一种。

从熟悉的真实场景开始（1岁以上）

最初级的角色扮演游戏，最好从宝宝熟悉的真实场景开始。我一开始和小D最常玩的就是喂娃娃吃饭，在小厨房里准备晚餐，给娃娃洗澡、穿衣服，等等。这些角色扮演的要求不高，宝宝还原大人的行为就可以进行，是最基本的玩法，1岁以后的宝宝都可以玩。

并非借助那些价格不菲的小厨房才能玩角色扮演的游戏，一个简陋的纸箱就能让宝宝玩得不亦乐乎。比如，宝宝可以扮演邮递员帮忙投信，也可以扮演妈妈帮忙取信。

把绘本"演"出来（1岁半以上）

我从小D3个月开始，坚持给她读绘本，一些她喜欢的绘本我们甚至读了上百遍。针对小D喜欢的绘本，我们常常会"表演"出来。当然，在"表演"之前，需要先准备一些道具。

更加抽象的扮演游戏（3岁以上）

3岁之前的大部分角色扮演游戏都需要一些道具来配合，而3岁以后玩角色扮演游戏，道具的作用就不是那么大了。比如，宝宝可以把一个球想象成苹果，可以假装手上有个杯子来喝水，等等。也就是说，这个时期的角色扮演游戏变得更加抽象，因此也对宝宝的想象力、语言能力和认知能力提出了更高的要求。

大 J 特 别 提 醒

我非常喜欢和小D一起玩角色扮演游戏，有时旁人看到我们两个像傻瓜一样各自拿着一辆车在地上乱跑乱撞，我俩却乐在其中。角色扮演游戏能够帮助成人唤醒内心的那个"小孩"，从而打破了小孩与成人之间的围墙，使得大人与宝宝在心理上更加亲密，大人也会更加懂得孩子的内心，这样许多原本棘手的问题很容易就得到了化解。

167

06

不要用成人的标准扼杀孩子的创造力

我曾拿小D的几幅涂鸦给国内的亲朋好友看，结果被他们泼了一头冷水，这不是瞎涂吗？怎么不好好教她画画呢？

无独有偶，我一位国内的闺蜜最近送她2岁半的儿子去上了画画早教班，她给我发来了儿子的第一幅作品，是一幅简笔画。她告诉我，老师会一步一步教孩子画出动物。还很自豪地跟我说，儿子画得很像。

这件事让我意识到，很多父母并不了解儿童画画的发展规律，却在自以为是地扼杀孩子的创造力。小D在矫正1岁左右开始接触画画，她的精细动作康复师和认知老师都会带着她画画，也参加过画画早教班。这些过程对我来说就像一次洗脑的过程，在这期间我明白了孩子的画画和成人定义的画画是不一样的。

什么是儿童涂鸦期

记得小D第一次使用蜡笔，是在她矫正13个月时。当时她握着蜡笔胡乱挥舞，不小心在白纸上留下了几个点和几道痕迹，她停下来看着那些痕迹，兴奋地对我笑起来，很有成就感。接下来她又尝试了几次，而且变成了一种有意识的行为。小D的老师说，这是宝宝认知能力的进步，她明白了在纸上移动蜡笔会得到什么，明白了"因果关系"。

尊重涂鸦期儿童的发展规律

创造力是很宝贵的能力，创造力强的孩子具有很好的解决问题的能力。涂鸦期的孩子往往展现出非凡的创造力，却很容易被大人一不小心而扼杀掉。因此，了解并尊重涂鸦期儿童的发展规律就显得尤为重要。

▌1~2岁——随意涂鸦▌

这个阶段的宝宝刚刚明白，手臂的运动可以让手上的笔画出痕迹。这个阶段的涂鸦主要表现为随意的点，有时会出现"小蝌蚪"。这是宝宝最初接触涂鸦的阶段，大人一定要好好保护宝宝画画的兴趣。而且在这样的涂鸦过程中，宝宝通过感受蜡笔的质感、气味以及笔尖划过纸张的感觉等，各项感官也得到了发展。

▌2~3岁——有控制地涂鸦▌

随着宝宝对手部肌肉的控制能力越来越强，这个时期宝宝的涂鸦会显得更加有控制力，主要表现为可以往返手臂，涂鸦中会出现一些形状，比如没有闭合的圆圈、直线、曲线等。这时宝宝主动画画的意识开始萌芽，尽管他画的还是那些我们看不懂的形状，但他们会用想象力为自己画的东西赋予某些特定的意义。

大 J 特 别 提 醒

对于学龄前的孩子而言，所谓的画画其实只是一种涂鸦。对他们来说，涂鸦的意义在于探索如何用手使用工具，以便为今后写字做准备；探索如何把脑子里的想法通过图画表达出来，有助于发展形象思维；能够培养孩子的创造力，让孩子的思维随着涂鸦自由飞翔。

▌3~4岁——线条和图案▐

从这个阶段开始，宝宝的涂鸦中开始出现直线、曲线和图案。宝宝会在画画之前思考画什么，会通过画画来表达自己的想法。在大人眼里，宝宝这时的画作还非常"抽象"，但如果你愿意听宝宝说，他会捧着自己的画作告诉你其中的故事。

▌4~6岁——物体和人物▐

从这个阶段开始，孩子的画作会出现更多的细节，也更加符合常理。比如小狗不再是由几个圆圈组成的，而是有耳朵、眼睛等；也不会在脸旁边画出尾巴，而是知道画出躯干了。这些都说明孩了的形象思维正在日益成熟，他能够把平时生活中看到的事物记录在脑海里，并通过图画呈现出来。

如何更好地引导孩子进行涂鸦

孩子画画能力的发展具有内在的节奏，在孩子6岁之前的涂鸦期，千万不要刻意去教孩子如何画画，尤其是不要轻易让孩子学习写生，这些很可能会禁锢孩子的创造力和想象力。父母可以尝试以下的方法去激发孩子的创造力，让孩子爱上画画。

▌把画画作为每天的常规游戏▐

父母不要把画画看成一件很严肃的事，而是把它当成每天的游戏之一。这种态度上的转换，不仅能让家长降低对孩子画画的预期，也给孩子一个更加自由和轻松的环境来发展他的画画能力。

▌不要随意指导孩子▐

很多家长看到孩子在画画，总是忍不住指导"太阳应该是圆的""花怎么会是黑色的呢"，等等。这样指导有两个非常明显的弊端：一是当家长总是用"评价"的眼光纠正孩子时，孩子会因为受到否定而丧失画画的兴趣；二是这种看似合乎常理的评判限制了孩子的想象力，禁锢了孩子的思维，对孩子今后的发展是毫无益处的。因此，父母不要总想告诉孩子怎么画才是"正确"的，而是放手让孩子自由发挥。

▌注重过程，而不是结果 ▌

对于孩子画画这件事，很多家长都容易陷入一个误区，即总是关注孩子到底画出了什么，画得像不像。事实上，通过孩子的画作去探寻孩子的内心世界才是最重要的。因此，不要急着去评价孩子的作品好不好，而是应该认真倾听孩子讲述的故事，也许他只画了一个简单的圆，却对应着一个精彩的故事。

▌引导孩子多观察生活 ▌

随着孩子逐渐长大，他们在画画时会向父母求助，比如 "妈妈，我想画一只鸟，可是画不好，你帮我画吧"。 这时，父母不要直接画给孩子看，更不要丢给孩子一本书，让他照着书上画。相反，应该带着孩子去户外或动物园看真实的鸟，引导孩子观察真实的鸟是什么样子的。

大 J 特 别 提 醒

希望更多的父母能明白，对于孩子画画这件事，要尊重孩子自有的发展规律，不能急于求成，更不能用成人的标准去评判孩子的作品。创造力是孩子心里的一团火苗，家长的任务就是保护好火苗，不让它熄灭，甚至让它越烧越旺。随着时间的推移，等孩子的绘画技巧日益成熟，画出好的作品就是水到渠成的事。

07

智商高的宝宝一定聪明吗

智商和认知是一件事吗

智商和认知之间有关系，但绝对不能画等号。智商很大程度上是由先天决定的，人在成年后的智商通常是固定的，不会再提高。而认知是一种能力，很大程度受环境的影响，是可以通过训练来提高的。人在成年之后的智商是稳定的，但如果一直保持学习的状态，认知是可以不断提高的。

在宝宝的早期阶段，特别是0~3岁，大脑还处于高度发展阶段，如果在这期间能够为宝宝提供良性的刺激、健康的环境等，他的认知能力就能够得到最大化的发展。

毫无疑问，智商高的孩子学习新知识或新技能的速度会更快，但如果没有良好的认知能力做支撑，高智商并不等同于好成绩或好的工作能力。比如，孩子注意力无法集中，没有很好的反思、总结能力等，这些都会限制他的发展。

认知到底是什么

认知是由一系列发展能力组成的。

▎知觉▎

知觉包括视觉、听觉、触觉、嗅觉和味觉，是宝宝最初认识这个世界的途径。知觉好比一个接收器，知觉的正常运作，能够保证宝宝顺畅地接受外部世界的各种刺激。

▌专注力▐

专注力是指宝宝对某个物体、行动或想法持续保持注意的能力。宝宝生来就具有专注力，而且每个宝宝早期的专注力持续时间都差不多。但从学龄期前后，宝宝的专注力持续时间就会显示出明显的差别。因此，家长应该从小保护好宝宝的专注力，帮助锻炼并提高他的专注力。

▌运动能力▐

大运动是宝宝一切能力发展的基础，而核心力量更是基础的基础。当宝宝还无法很好地抬头或独坐时，他就会集中有限的精力用以维持身体的平衡，从而无法很好地去接受外界的新刺激。

经常有妈妈跟我说："我家宝宝8个月还不会独坐，而且他也不会指人或指东西，我担心他的认知出现了延迟。"在这里，一定要区分"能力"和"意愿"这两个概念。如果宝宝还无法独坐，他的肩膀通常没有很强的稳定性，这时即使他有意愿指东西，也没有这个能力做出这个动作。因此，针对这样的宝宝，关键在于帮助他锻炼独坐，而不是跳过这个阶段，去关注其他方面。

▌语言能力▐

在美国，不会对3岁之前的宝宝测试智商，也不会对1岁之前的宝宝测试认知能力。之所以有这样的年龄限制，就是因为语言能力在认知能力和智商的发展方面具有很关键的作用。只有当孩子可以清楚地表达自己的思想时，才能对他的认知能力和智商有更好的解读和判断。

▌其他能力▐

除了以上几种能力，认知还包括解决问题的能力、调节情绪的能力、统筹计划的能力，等等。这些能力听上去似乎和宝宝没什么关系，事实上宝宝天生都具备这些能力，只不过在他们成长的过程中，由于家长的"热心"或"误解"而被扼杀或者抑制了。

比如，9个月的宝宝看到自己爱吃的泡芙零食罐，刚想自己打开，父母就开始帮忙，从而扼杀了宝宝解决问题的能力。再比如，孩子突然大哭大闹，父母不了解这是孩子在表达自己的需求，而是简单粗暴地制止他哭，这等于抑制了宝宝学习调节情绪的能力。

大 J 特 别 提 醒

宝宝智商高并不意味着宝宝就聪明，因为聪明不仅表现为智商高，还表现为具有好的认知能力。智商是天生的，而认知能力却是可以通过后天努力得以提高的。要想培养一个聪明的宝宝，不妨从现在开始逐步提高宝宝的认知能力。

08

你会给宝宝选择幼儿园吗

为什么要送宝宝去幼儿园

宝宝出生后的头3年，是和父母建立安全感的关键时期，而且这3年基本上奠定了宝宝今后独立性格的形成。宝宝需要确认"父母永远在那里"，才会有勇气离开父母独立进行探索。我对这方面很重视，所以小D的安全感建立得比较牢固，这也是我们决定让她2岁就去上幼儿园的前提。

2岁以后的孩子，社交需求越来越明显，大人需要带着孩子多接触外面的世界，多创造条件让他接触同龄的孩子。尽管2岁左右的孩子在一起玩耍时互动并不多，但他们却需要这样的过程来明白社交的意义。

有的妈妈会问，这种社交需求一定需要送幼儿园才能得到满足吗？不一定。我之前带小D参加各种早教班、去社区图书馆读书、去公园和其他孩子进行野餐等，都能够很好地满足她的社交需求。但我和小D的认知老师都发现，小D的性格是比较慢热的，需要比较长的时间才能融入新的环境，接受新的朋友。因此对她来说，最理想的就是有固定的社交圈。而我之前带她参与的那些活动都是比较随意的，人员流动性比较大，所以她每次都需要花很长时间来适应新环境，从而不能很好地进行社交和玩耍。基于这些原因，小D的认知老师建议我们为小D找一所适合2岁宝宝的幼儿园。

因此，对于适应能力比较强的宝宝而言，不上幼儿园，通过其他形式也能很好地发展社交能力。但对于像小D一样适应能力稍弱的孩子而言，最好能上幼儿园，因为幼儿园能为宝宝提供一个固定的社交场合，让宝宝更好地发展社交能力。当然，上幼儿园除了能发展宝宝的社交能力之外，还可以培养孩子的独立性，帮助宝宝建立良好的生活习惯，让宝宝懂得遵守规则，等等。

那么，我为小D选择幼儿园的标准是什么呢？

看幼儿园如何引导孩子进行玩耍

美国的幼儿园主要分两种：以玩为主的幼儿园和以学知识为主的幼儿园，我个人是倾向于前者的。当然，即使是以玩为主的幼儿园，也是有差异的。有一种是"纯粹的（傻）玩"，即老师不会引导和扩展孩子的玩耍能力，主要是让孩子自己玩。我个人觉得这种幼儿园对于孩子的发展没有太大的意义，只有在孩子实在没人照看的情况下，才可能把孩子送到这种幼儿园。另一种以玩为主的幼儿园提倡"引导式玩耍"，老师会帮助孩子设计一些玩耍的场景，引导孩子进行玩耍，并且鼓励孩子们之间进行互动。这种玩耍最常见的玩法就是角色扮演游戏，比如煮饭游戏、医生和病人的游戏等。

我在为小D挑选幼儿园时，会关注幼儿园里是否有这样的角色扮演玩具。如果有的话，我会问老师：这个角色扮演玩具放在这里多久了？有些幼儿园的老师完全不理解这个问题的含义，唯独有一位园长明白了我的意思，他说："我们每3个月会换一次这样的玩具，以帮助孩子接触尽可能多的玩耍情景，来发展他们的语言、认知、社交等能力。"我对这位园长的回答感到非常满意。当然，并不是所有的幼儿园都会定期更换玩具，关键是看幼儿园是否会有意识地创造条件让孩子接触不同的玩耍情景。

看幼儿园如何"惩罚"不守规矩的孩子

2岁孩子的自我约束能力、情绪控制能力都处在不断发展之中。对于这个阶段孩子的管教问题，我的核心理念是温柔而坚定地设立规则，在规则之内给予孩子最大限度的自由。

我在挑选幼儿园时发现，纽约大部分的幼儿园都不再使用time-out（暂停）的方法来"惩罚"孩子，这一点我是比较满意的。除此之外，我还会问一个问题：在集体活动时，如果我女儿不愿意和大家一起坐着唱歌，非要自己离开，你们会怎么做？不同的幼儿园给了我以下3种不同的回答：

- 不管她，随她去，我们允许孩子这样；
- 老师会和她说，我知道你现在很想玩××，但现在是集体活动时间，你必须和大家待在一起；
- 老师会了解她想干什么，然后会有一位老师专门陪她去想去的地方，同时也会引导她关注集体活动，看她是否愿意重新加入。

就个人而言，我更喜欢第三种答案。因为在我看来，让孩子进入幼儿园的目的之一，就是让他慢慢懂得一些社会规则，好为今后的社交活动做准备。但我希望规则的设立是温柔的，并且是有一定弹性的，能够照顾到不同孩子的个性。对于2岁的宝宝而言，设定规则固然重要，但孩子自我意识的建立更加重要。当孩子从小觉得自己的想法是得到尊重的，今后就会有勇气去自由地表达自己的意愿。

看幼儿园如何保护孩子早期的创造力

每个孩子天生都是艺术家，具有非同寻常的创造力和想象力。我回想自己小时候的经历，很多时候创造力和想象力都被标准答案和所谓的规则所限制了。因此，我在选择幼儿园时，非常看重它能否保护孩子的创造力。

要考察这一点，一个很好的办法是观察幼儿园墙壁上孩子们的艺术作品。很多家长都会注意墙上的作品，却忽略了看它们是不是一模一样的。在考察幼儿园时，我会针对这些作品向老师提问：这些作品都是孩子们的吗？

为什么都是一样的（或者为什么都是不同的？）经过调查我发现，纽约大部分幼儿园展示的作品都是一模一样的，这意味着老师是让孩子们按照某个标准来进行创作的，甚至是老师在帮助孩子创作而不是孩子独立完成的。唯独有几家幼儿园墙壁上贴的作品很特别，用大人眼光来看，那些作品简直是一塌糊涂，但一看就知道是出自孩子们之手，而这恰恰是我喜欢的地方。

大 J 特别提醒

选择幼儿园，是为人父母者为孩子做出的第一个重大决定，这个过程并不容易，毕竟每对父母都希望给孩子提供最好的资源。但我还是想提醒大家，无论你多么用心，任何选择都不会是"最好"的，只能是当下"最适合"的。费用昂贵的未必就是好的，大家趋之若鹜的也未必就是好的，关键还是看它是否契合自己的育儿理念，是否适合孩子的个性。

09

家长会不会提问，是培养孩子独立思考能力的关键

记得我第一次出国读书时，受到的最大冲击就是觉得国外的学生都敢于表达自己，也愿意表达自己。老师布置作业时不会追求所谓的标准答案，只要你说得有理有据、逻辑清晰，就可以得高分。这对于从小接受国内教育，凡事都追求标准答案的我来说，实在是太不一样了。记得我的老师总是跟我说一句话："You need to have your point of view.（你需要有自己的观点。）"

小D出生后，我更加有意识地去观察其他孩子，发现国外的孩子即使再小，都具有独立思考的能力，常常愿意表达和父母、朋友不一样的观点。我在想，到底什么样的环境才能培养独立思考的孩子？带着这样的疑问，我咨询了小D的认知老师。

每个孩子从会说话起，就常常提出"十万个为什么"。如果家长和老师能够掌握一些提问技巧，启发孩子进行更多的思考，而不仅仅是停留在"对错"的层面，就能有效帮助孩子培养独立思考的能力。小D的认知老师跟我分享了一个思考能力模型，这是不少北美顶尖学校对老师培训的课程之一，对于家长具有很好的参考意义。

思考能力的6个层次

心理学家Bloom曾经对孩子的思考能力进行分类，从低阶到高阶，共分6大类；并提出孩子的思考能力都是从低阶向高阶发展的，只有

掌握了低阶的能力，才能掌握更高阶的能力，逐层提高，一直发展到最高阶。

下图的模型自下而上展示了最基本的思考能力到最高阶的思考能力。从模型中可以看出，我们通常习惯问的"记住没有""对不对"等，属于低阶的思考能力。一般来说，孩子的思考能力不会自动提高到新的层面，这期间需要有"诱因"，也就是需要教育环境的激发，而这当中最关键的，就是老师或家长是否有意识地针对低阶层面的能力进行"启发式"提问，来鼓励孩子向高阶的思考能力发展。

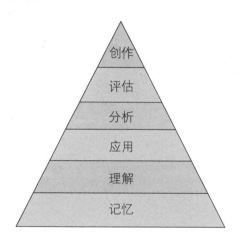

思考能力模型的应用

不管你的孩子多大，这个思考能力的模型都是适用的，其实对于成人也有很好的借鉴意义。下面就以大家都很熟悉的《小红帽》的故事为例，来说明在每个层面该如何通过提问来帮助孩子更好地发展思考能力。

▌第一层：记忆▌

在这个层面，孩子通过记忆可以复述书中的基本信息，可以回答一些关于书中人或物的基本问题。

你可以这样提问：

- 小红帽要去见谁？
- 小红帽手里提的篮子里装着什么？
- 她穿了什么样的衣服？

提问关键词是"谁""哪里""什么""多少""什么时候""怎样"等澄清信息内容的问题。

第二层：理解

在这个层面，孩子能够理解故事的含义和事情发生的先后顺序，可以用自己的语言非常简单地说出故事的梗概。

你可以这样提问：

- 为什么小红帽需要穿过森林？
- 为什么大灰狼要穿上奶奶的衣服？
- 这个故事主要说了什么？

提问关键词是"复述""主要观点""为什么""有什么区别"等需要在理解的基础上进行回答的问题。

第三层：应用

在这个层面，孩子有能力进行初步的融会贯通。也就是说，他可以把其他场合中学到的类似知识跟从这个故事中学到的知识和信息联系起来。

你可以这样提问：

- 如果小红帽是和朋友一起去看外婆，会发生什么？
- 森林里很黑，还有什么情况下也会很黑？
- 小红帽是步行穿过森林的，除此之外，她还可以通过什么方式到外婆家？

提问关键词是"有其他什么情况是一样的""如果……会发生……"

"还有……方式"等。这个层面的提问精髓在于启发孩子把其他场合中学到的知识运用到当下的故事中，起到举一反三的作用。

第四层：分析

这个层面的提问应该鼓励孩子开动脑筋，充分收集证据来支撑自己的观点。

你可以这样提问：

- 如果你是小红帽，你做的会和她有什么不同？
- 为什么独自走过小树林很危险？

提问关键词是"你的观点有什么不同或为什么一样""你可以从中发现什么"等。这个层面的提问给孩子提供了不同的场景，鼓励孩子跳出故事情节本身，对自己掌握的知识进行重新组合，挑选出重要的信息来得出自己的结论。

大一点儿的孩子会在学校参与辩论，辩论是针对这个层面思考能力很好的一种锻炼方式。平时在家父母也可以有意识地跟孩子进行这样的"辩论"游戏，还可以交换角色来进行辩论。

第五层：评估

在这个层面，孩子会对自己得出的结论进行评估，或者维护自己得出的结论。

在这个层面，你可以提出有关个人观点的问题：

- 你觉得大灰狼欺骗小红帽的做法对吗？
- 你会对小红帽提出哪些建议？

提问关键词是"你认为是对的或错的""有没有更好的建议"等。当孩子给出一个答案后，你需要追问"为什么你觉得是错的或对的"。对于更大的孩子，可以问：你觉得作者在描述这个故事时是否有什么错误？在整个故事展开的过程中，是否出现了前后矛盾的情况？

▌第六层：创作▐

在这个层面，需要鼓励孩子发挥创造力，或者基于现在的故事情节对故事进行"二次创作"。可以要求孩子根据现有的信息重新创作一个新的结尾，或者完全改编整个故事情节；也可以鼓励孩子根据这个故事创作一首小诗或者一首歌曲。

认知老师的这次分享对我具有很大的启发。回想我以前的学习经历和父母的教育经历，大部分老师和家长的提问大多停留在下面的3个层面，极少会涉及上面的3个层面。

大 J 特 别 提 醒

理解这个模型之后，家长在日常生活中可以有意识地通过向孩子提问来培养孩子独立思考的能力。归根到底，独立思考能力是一种思维模式，是需要从小就开始培养的。

10

如何保护宝宝脆弱的专注力

"我家宝宝玩一会儿玩具就不想玩了。"

"我女儿注意力集中的时间很短。"

"怎么才能提高宝宝的注意力?"

……

这是很多妈妈咨询过我的问题,也是我前不久刚请教过小D的认知老师的问题。在美国,很多学龄前儿童被诊断有ADD(Attention Deficit Disorder,即注意力缺陷障碍)。所以,很多妈妈从宝宝很小时就担心自己的宝宝有这样的问题。下面就来分享一下认知老师和我交流的观点。

大原则:请现实一些

当我们在谈宝宝专注力的时候,首先要明白一点:小宝宝天生就是动个不停的。对于一个还不满1岁的宝宝,不要期望他能够集中注意力达10分钟以上。

关于每个年龄段的宝宝注意力到底可以持续多久,美国的一些机构通过研究得出以下公式:

孩子的专注力持续时间(分钟)=生理年龄~(生理年龄+1)

例如,你的孩子2岁,那么他专注力的持续时间就是2~3分钟。

既然这样,为什么上学后同一个班级的孩子专注力持续时间会不一样呢?这是因为尽管每个孩子的起点差不多,但在成长过程中,一些宝宝的专注力没有得到很好的保护,从而没有得到很好的发展和提高。

如何保护和提高宝宝的专注力

┃打造一个安全、舒适的玩耍区域┃

这是一个很简单却经常被忽视的问题。事实上，宝宝玩耍的场所也会影响他的专注力。如果宝宝玩耍的区域有潜在的危险，家长会一直处于提心吊胆的状态，总是跟孩子说"不可以"，这样宝宝的专注力自然总是被打断。因此，从宝宝出生开始，父母就要有意识地为他建立一个安全、舒适的玩耍区域，放心大胆地让宝宝去探索，不随意打断宝宝。慢慢地宝宝就会培养起良好的专注力。

我家在客厅开辟出一个专门的区域给小D玩耍。我在那个区域铺上游戏垫，所有的玩具都放在篮子里，小D会爬后，自己可以去拿玩具。因为我个人不喜欢"圈养"，所以我家没有买围栏，但整个客厅都做了安全防护，这为小D提供了一个可以专注玩耍的地方。

┃2岁以内尽量不看电视或视频┃

研究指出，电视或视频对儿童专注力的发展有很大的危害。很多孩子可以对着电视半天一动不动，在这种状态下，孩子并没有主动调动控制专注力的肌肉群，而是处于刺激过度的状态，这对孩子专注力的发展并没有好处。

小D出生后，只要她醒着，我家客厅的电视机就处于关闭的状态。很多妈妈都说做不到这么严格，而且觉得对孩子看电视不应该限制这么严格。育儿方法归根到底是个人的选择，只不过我们需要知道，无论今天做出何种选择，今后都愿意为此买单。

┃为孩子提供简单、开放式的玩具┃

如果没有外界的干扰，小宝宝天生就愿意专注地研究一个哪怕很简单的玩具或物品。比如，他们拿到一块带花纹的布后，会先仔细观察上面的花纹，然后再用身体进行探索——用嘴巴啃、拿在手里挥舞、放在头上等，可以玩很久。现在的很多玩具都是声光电玩具，这类玩具会让宝宝因为受到过度的刺激而变得容易疲倦，从而影响专注力的培养。

做好的观察者，懂得适时退出

在宝宝专注地玩耍时，有的家长经常会"好心办坏事"。比如，当宝宝一个人在玩积木时，家长会凑过去说："呀，积木不是那样搭的，应该这样搭。"再比如，宝宝正在专心玩耍，家长也不管宝宝是否玩好，抱起宝宝就去换尿布或喂奶。这些我们觉得特别正常的事情，其实都是在破坏宝宝的专注力。

当然，并不是说家长一定不要介入宝宝的游戏，如果宝宝要求，家长就可以和他一起玩。小D玩耍时，我的做法是先在一旁看着，不插嘴，等她因为玩不好玩具而沮丧或玩够了时，会主动过来找我，这时我就会介入，和她一起玩或给她演示如何玩。一旦她自己又玩起来，我就会继续退到一旁。要提高孩子的专注力，父母就应该从做一个好的观察者开始。

给孩子自主选择的权利

每个人都会对自己感兴趣的东西更有专注力，宝宝也一样。因此，每天给宝宝玩具时，可以给他一些自主选择的机会，而不是大人要求他玩某个玩具。这里说的"选择"，不是一下子给宝宝十几种玩具，那样只会分散宝宝的专注力。家长可以给宝宝提供两三种玩具，问宝宝自己想玩哪一个。如果宝宝小时候有机会自己选择玩具，并且可以专注地玩较长一段时间，长大后他对大人要求的活动就会有更好的专注力。

大 J 特 别 提 醒

小D的认知老师曾说过，每个孩子生下来都自带很多宝贵的品质，但这些品质都非常幼小和脆弱，很多时候还没有萌芽就被大人的"好心"或"无意"破坏掉了。培养专注力的过程其实也是这样，家长在日常生活中的一点点改变，就可以让孩子受益终生。

Part 6

规则与管教篇

——爱与规矩并行，让宝宝成为更好的自己

01

如何管教1岁以内的宝宝

"管教"1岁以内宝宝的原则

小D的认知老师说过，当宝宝开始具有自我意识时，尽管父母发现他"脾气"见长，没以前好带了，但从认知发展的角度来看，这是件好事，说明宝宝的心智进一步成熟了。很多父母都知道要和孩子共情（体谅孩子的情绪）、说理（建立正确的规则），但其实这种方式对于1岁以内的宝宝是行不通的。

这是因为1岁以内的宝宝还不能很好地理解父母的话，他们主要是通过对父母和身边人的行为来判断哪些行为是值得鼓励的，哪些行为是被禁止的。比如，你和家人说话的方式、你生气时处理情绪的方式等，都会潜移默化地影响宝宝。也就是说，从宝宝一出生开始，父母就要以身作则，为宝宝做好榜样。

1岁以内的宝宝无理取闹怎么办

1岁以内的宝宝还不能用语言表达自己的情绪，哭是他们唯一的表达方式。所以在使用下面的方法之前，一定要先排除宝宝存在饿了、尿了、病了等生理和病理方面的问题。

忽视

很多妈妈都有过这样的经历，你越是告诉宝宝不要做某些事，他就越想去做。这是因为这个年龄段的宝宝很喜欢得到关注，他们还无法区分"好"的关注（表扬）和"坏"的关注（批评），只要受到关注，他们就会非常开心。所以，当你告诉宝宝不要做某件事时，他以为这是对他的关注，以为自己得到了鼓励，因此才会继续做下去。事实上，当宝宝无理取闹时，正确的做法是"忽视"他。过一会儿，他发现这样得不到关注，自然就会觉得没意思而停止了。相反，如果你每次都制止或责备他，无意间就强化了他的行为。

记得小D刚出牙的时候，有一次我抱着她，她在我肩膀上狠狠地咬了一口。我非常严肃地跟她说："你不可以这样，你把妈妈咬疼了。"结果她还继续咬，我越是"教育"她，她越是变本加厉。在和小D的认知老师沟通后，我改变了策略，她再咬我的时候，我直接把她放到游戏垫上，我和爸爸以及其他人都一致忽略她，也没有任何眼神的交流。把她刚放下时，她还挺开心，但过了一会儿，她就感到无聊，翻身来找我了。这样过了几次以后，她就不再咬我了，后来再也没发生过咬我的情况。

转移注意力

宝宝有时陷入不良的情绪当中很难出来，会不停地大哭。他们也会表现得很"逆反"，大人越不让干的事情，他们越想干。这个年龄段宝宝的记忆都是短期记忆，所以很容易被转移注意力，家长可以利用这个特点来解决问题。

小D曾经很喜欢拿爸爸的眼镜玩，不让她拿她就会大哭，甚至会哭到呕吐。后来康复师教给我们一个小妙招，即把小D抱到厨房，用非常夸张的语气给她介绍厨房里的瓶瓶罐罐，小D就被这些新鲜事物所吸引而平静下来。这种方法就是通过改变场景或利用新鲜事物来转移宝宝的注意力。

▌正面强化 ▌

认知老师说，这一点是所有方法中最重要的。对于1岁以内的宝宝，不要去改正他不好的行为，而是去强化他好的行为。这个年龄段的宝宝，能够从父母的表现中明白哪些行为是值得鼓励的，从而更加乐意去做。那么，对于不好的行为该怎么办呢？应对方法就是上面所说的忽视和分散注意力。这个年龄段的宝宝还没有形成"好"与"坏"的标准，也不明白父母管教的含义，所以最关键的是不要强化他不好的行为。

02

孩子无理取闹背后的秘密

小D 2岁左右时，语言进入一个爆发期，不仅能听懂我们说的中英文双语，还会使用一些简单的中文和英文词语。与此同时，她也出现了越来越频繁的尖叫和哼哼唧唧的现象。认知老师说，这是2岁左右的宝宝非常典型的表现，英语里称这种叫声为"whining（哀鸣声）"，现在如果不及时介入，宝宝就会觉得"我只要大叫就能得到想要的"。

宝宝为什么会大叫

从出生开始，宝宝就依赖大人来满足他们的需求，无论是脏了、饿了，还是困了、累了，这些最基本、最简单的需求都是大人帮助他们完成的。于是他们逐渐明白，要满足自己的需求，就需要得到大人的关注。但当他们试图被关注却遭到失败时，就会感到无助和沮丧，所以才会启动大哭大叫的模式，以赢得大人进一步的关注。

宝宝的思维是很简单的，他们不会考虑自己的行为在大人眼里是否是好的，他们只做自己认为有效的行为。如果宝宝的每一次大叫都能得到大人的关注，他就会把这当成自己的"撒手锏"，会持续使用这种方法。这正是好多妈妈反映宝宝越大脾气越差的原因。事实上，从某种程度上来讲，正是因为在宝宝最初出现这种苗头的时候，大人并没能及时、正确地引导，才会导致宝宝的行为愈演愈烈。

防患于未然——"宝贝，你并不需要通过大叫来赢得我的注意"

宝宝大叫的目的是赢得大人的注意。如果大人从一开始就让宝宝觉得踏实，知道父母永远在关注他，那么他出现大叫的概率就会减少很多。而让宝宝感到踏实最重要的就是父母高质量的陪伴，即和宝宝在一起时不玩手机，保证每天都有亲子阅读的时间，跟宝宝有拥抱、亲吻等亲密的接触，对宝宝的反应能及时地反馈，这些都可以给宝宝带来爱和满足。

认可宝宝的需求——"宝贝，我知道你需要我"

每次宝宝表达自己的需求时，只要这种需求是正当的，都应该及时满足他。我看到过很多父母，自己在忙着做一些事时，孩子跑过来说："妈妈，可以帮我拼拼图吗？"父母会直接拒绝甚至忽略孩子的要求，直到孩子哭闹起来，他们才停下手上的事去关注孩子。尽管我们并不需要孩子一叫就立刻停下手上的事情去回应他，但至少要记得及时回应他，让他知道父母一直都在关注他的需求。

例如，你正在和朋友打电话，孩子过来找你一起玩，你希望孩子能等一下，你可以说："妈妈正在和阿姨打电话，等我打完电话再来和你一起玩好吗？"但要注意等待时间的问题，孩子越小就越没有耐心，所以，遇到这种情况，要尽快结束手上的工作，并认真履行自己的承诺。

有一次，我在邻居家喝下午茶、聊天，她的女儿跑过来要和她说事情。我看到小女孩握住妈妈的手腕，妈妈也握住女儿的小手继续和我聊天。聊完后，她转过头对女儿说："好了，宝贝，你要和妈妈说什么？"事后邻居告诉我，这是她和女儿之间的约定，如果妈妈正在忙，而女儿想和妈妈说话，就用这个动作来告诉妈妈她想跟妈妈说话，等妈妈忙完就会来跟女儿说话。邻居和我分享的心得是，孩子其实只需要大人的一个反馈，这个反馈可以只是握住她的手，但至少让她知道：妈妈知道你的需要，只是你要等一下。这样孩子就不会因为觉得被忽略而大叫大闹了。

教会正确表达——"宝贝，你大叫的时候我不明白你要什么"

每次小D大叫时，我都会用平静的语调对她说："你想干什么可以告诉我，但你大叫的时候我不明白你要什么。"小D一开始非常排斥表达自己的需求，会继续大哭大叫，这时我就会先让她平静下来，然后帮助她来表达："是不是因为刚刚妈妈在烧水，没帮你捡掉了的娃娃？你用手指给我看，你想要什么？"几次之后，小D就会发现，大哭大叫的时候并不能很好地表达自己的需求，而是需要平静下来跟妈妈说。对于大一点儿的孩子，可以鼓励他们用语言表达需求；对小月龄的孩子，可以教他们用手势来表达。

对于倔脾气的宝宝，哭叫起来不容易停下来，这就需要先安抚他，然后再教他如何表达需求，千万不要在孩子情绪失控的时候尝试教他，否则只会适得其反。

坚持到底——"宝贝，你这样做并不能得到你想要的"

小D的老师打了个很好的比方，她说孩子过了1岁以后其实一直在试探大人的底线，这就好像玩赌博机，你玩了10次，即使输了9次，但只要赢1次，你还是想继续赌下去。

孩子也一样，当他们试图通过大哭大叫来得到自己想要的东西时，即使10次当中只成功了1次，他们也会觉得这一招是有效的。因此，父母管教孩子的关键就在于让孩子明白他使用的招数是没用的，而我已经把正确的方法教给你了，通过这种方法你才能得到自己想要的。

很多妈妈都说，教孩子使用正确的方法好难、好累啊。对于这个问题，我的心得是，育儿的问题一开始就要走在正确的轨道上，这样今后的道路才会越走越顺利。以小D的辅食添加过程为例，从小D添加辅食开始，我就有意识地锻炼她独立吃饭的能力，她还不到2岁时就可以独立吃饭了。有的妈妈跟我说，让宝宝自己吃饭花费时间太长，打扫起来也太麻烦，还是喂宝宝吃比较方便。但如果没有前期的麻烦，我现在就不可能安心地坐下来吃饭，而是到处追着小D喂饭。

大J特别提醒

孩子的教养问题也是一样的，如果父母现在不树立这样的意识，以后就会因为很多根深蒂固的问题而感到苦恼。我也是新手妈妈，这些方法做起来并非得心应手，但我深深地明白，做任何事都没有捷径，先苦后甜才是真正的甜，不是吗？

03

孩子总是说"不"，怎么办

小D从矫正15个月时开始进入语言爆发期，中文和英文的很多单词都开始从她嘴里往外蹦。而且不知从哪一天开始，对于我所说的任何话，她的回应都是"No"或"不"。

——Dorothy, can we go out?（我们要不要出去？）

——No, no!（不要！）

——那我们待在家里玩吧！

——不要！

每天面对她的无数个"不要"，我不知道到底该怎么办才好，只好求助于小D的认知老师。

为什么会出现这样的情况

认知老师告诉我，这种现象很普遍，一般出现在宝宝1岁半～2岁的阶段。这个阶段的孩子自我意识开始萌发，语言也慢慢开始发展，会说一些简单的词语。他们突然意识到，语言是可以用来表达意愿的，于是就通过乐此不疲地说"不"告诉大人：我要自己做主。

认知老师为此还特地祝贺我，她说，这说明你女儿在认知方面迎来了新的里程碑，朝着独立自信的个体发展又近了一步。所以，换一个角度来看的话，妈妈们不必为此感到苦恼，反而应该感到欣慰，因为你的小宝贝又长大了一点儿！

针对宝宝总是说"不"的情况，我们既不希望自己成为毫无原则、轻易妥协的父母，也不希望自己每天都强迫孩子做我们希望他做的事，那么到底怎样做才对呢？为此，认知老师教了我"两个基础"和"三大招"，通过我的实践，发现这些方法很有效。

第一基础——家长自己不要经常说"不"

认知老师说，她曾经做过一个试验，全天开着摄像机记录一位妈妈带孩子的过程。回放录像时，那位妈妈自己都感到震惊，她在一天当中对着孩子说了无数次"不"。孩子的第一模仿对象就是父母，如果他每天收到的信息中含有大量的否定词语，他自然很容易学会说"不"。

因此，在养育孩子的过程中，家长要多进行正面强化，要有选择性地说"不"。对于危及生命安全的事情（比如碰插座等），要坚定地说"不"；而对于生活中的其他情况，则要谨慎使用"不"。举个例子，与其说"不要站在浴缸里玩"，不如说"我们坐在浴缸里洗澡吧，因为浴缸太滑了，站着容易摔倒"。

第二基础——帮助孩子扩展表达方式

很多时候，这个阶段的孩子说"不"只是一种惯性，比如文章开头提到的小D和我的对话，她嘴里说了"不"，事实上可能并不是这么想的。这就需要家长在平时有意识地教孩子学会正确表达自己的意愿，比如可以用对话的形式来帮助宝宝学习正确的表达方式。

举个例子，小D特别喜欢玩动物农场积木，我就会拿着这些积木和她玩这样的游戏。一开始都是我自问自答：

——如果我们问小猫，你要不要吃鱼？小猫怎么回答？

——要！

——如果我们问小牛，你要不要吃草？小牛怎么回答？

——要!

这样的句式进行了几次后,我就会顺势问:

——如果我们问小D,你要不要吃午饭?小D怎么回答?

有时,小D就会说"要"。通过这样的过程,能够帮助她慢慢打破总想说"不"的惯性。这样的方法也适用于绘本、儿歌等,家长可以根据孩子的爱好来选择不同的方式。

第一招——利用游戏化解矛盾

我一个闺蜜的孩子现在2岁多,每天说"不"的情况非常严重。闺蜜向我吐槽说,每次一听到孩子说"不",她就开始教育孩子,结果常常因为一点儿小事就斗争起来,每天都搞得筋疲力尽。

这是很多父母都容易犯的错误,很多时候孩子说"不",并不是真的要和我们对着干。所以,千万不要太认真,一认真你就输了,不妨通过游戏来化解一下。下面举两个例子。

情景一:我要求小D每晚睡觉前和我一起收拾玩具。

——Shall we clean up the toys, Dorothy? (我们一起收拾玩具好吗?)

——No!(不!)

然后,她就转身离开了。这时,我不会大动干戈,而是开始唱在早教班收拾玩具时大家一起唱的儿歌"*Clean Up*",并把一块积木放进盒子里。我刚开始唱没多久,小D就转身过来,非常愉快地和我一起收拾起来。就是这么简单的一首歌,让小D觉得这是在玩游戏,而不是妈妈在要求她做事。

情景二:我们马上要出门了,小D还在游戏垫上玩,而我要给她换尿布。

——妈妈抱你起来换尿布可以吗?

——不!

这时,我不会强行把她抱起来,因为她已经说"不"了,强行抱起来她肯定会哭闹。于是,我又设计了一个游戏。

197

——小D，我们来比赛吧，看谁最先爬到卧室？

然后，我就和小D一起爬，让她追赶我，结果很快她就爬到了卧室，还让我换了尿布。

第二招——尽量给孩子选择权

如果理解孩子说"不"背后的心理诉求——想要独立，我们就可以给他多一些选项，让他具有选择的权利。一旦有了选择权，宝宝就会具有"自己做主"的感觉，从而能有效避免一味说"不"的现象。例如：

不要说："我们吃早饭，好吗？"而是说："你早餐想吃面包，还是鸡蛋饼？"

不要说："我们穿衣服吧！"而是说："你今天要穿蓝色的衣服，还是红色的衣服？"

对于这个年龄段的宝宝来说，选择不用多，两个就足够了。但要注意的是，你给出的选择一定是自己可以接受的，完全没必要为了提供更多的选择而加大自己的工作量。

有时候，孩子会出现对两个选择犹豫不决的情况，这时，我们可以在提供选择后，再加上一个时间限制，以给孩子造成紧迫感。比如，你可以说："我数到10哦，如果你还不选择，我就替你选！"通常孩子都会很快做出决定。

第三招——巧妙利用孩子模仿的天性

这个年龄段的孩子特别爱模仿，对于我们希望他做的事情，父母可以巧妙利用他们模仿的天性来引导。

举个例子，我们将要出门，我希望小D可以穿上鞋。

——我们穿上鞋出门好吗？

——No！（意料之中）

于是，我不再问她，而是把她的鞋子拿下来放在我身边，然后自己坐下来穿鞋，一边穿一边自言自语：

——我要出去玩了，我先把鞋穿好，这样才能出门。小D，你要不要和我一起出去玩啊？我们一起穿鞋吧。

这时，小D就会自己走过来坐在我旁边，试图拿起鞋子。通过这样的方式，小D的配合度就会比较高。

04

我的宝宝被"欺负"了怎么办

我一直带小D参加纽约的音乐早教课,每次老师拿出玩具,开始进入自由活动时间时,我就看到一群宝宝呼啦啦地爬(走)过去,这时我的脑海里总会响起赵忠祥老师的声音:"在遥远的非洲大草原,一群年幼的狮子刚刚出生,它们首先要学会的就是如何在这个弱肉强食的草原上生存。"有时看着这些孩子,觉得他们就像一个小小动物世界的现实版。

小D最初去参加这些早教班或者户外活动时,总是发生玩具被抢的情况。这一度成为我和她的认知老师经常讨论的话题,如果遇到这种情况,父母到底应该担当什么样角色,怎么做才恰当?

两个大前提

┃不要好为人师┃

永远不要试图告诉其他孩子的父母,他们该怎么教育自己的孩子;永远不要试图管教其他孩子。每个家庭的育儿风格都不相同,你所认为对的育儿风格,不一定适用于其他家庭。

不加以评判,就意味着虽然你不认同别人的做法,但却尊重多样性的存在。没必要把孩子之间本来很小的一件事情上升到大人之间的矛盾冲突。接下来我要分享的,都是如何从自身出发去保护自己的孩子。

不要以暴制暴

很长一段时间内，我妈妈总是担心小D被"欺负"是不是因为太懦弱了，她一直跟我说应该教她把玩具抢回来。这个年龄段的孩子还无法理解很多规则，但他们学习和模仿的能力已经很强了。如果我们简单粗暴地教孩子抢回玩具，孩子的确能学会。从短期来看，也许我们的孩子"赢"了；但从长期看，他们错过了学习规则的机会，也错过了学习如何正确应对这类情况的方法。

什么情况下父母需要干预

面对孩子之间的冲突，很多父母的第一个疑问就是，孩子的事情是否应该让孩子自己解决？关于父母是否要干预，关键看两点，即宝宝的年龄和宝宝被抢后的情绪。

3岁以下的宝宝之间有冲突时，不建议父母当"旁观者"，让他们自己去解决，因为他们的心智还没成熟到可以自己解决的程度。这个年龄段的宝宝语言发展、认知发展还没成熟，很多时候我们大人眼里的"暴力"行为，只是因为孩子无法用语言表达而已，因此需要父母进行适当的引导。

基于这个大前提，父母是否应该干预的另外一个条件，就是宝宝被抢玩具后的情绪反应。小D第一次参加早教课被抢玩具大概是在矫正6个月时，那时候她其实是无所谓的，玩具被抢之后，她自己又拿了一个玩具玩起来。这时，我就选择不干预，因为其他孩子的行为并没有对她产生影响。

但到她矫正10个月时，有一次，一个男孩拿走了她的玩具，她愣了几秒以后就哭了起来。这时，父母就需要进行适当的干预。因为在这个阶段她还无法独自解决问题，这个时候父母的"不作为"会让她产生困扰，让她疑惑自己以后再遇到困难是否还要求助于父母，以及其他孩子抢玩具的行为到底是否正确。

3步干预法

鼓励孩子表达自己的意愿

孩子之间发生冲突时，父母不要第一时间就替孩子出头，而是给孩子表达自己的机会。每次小D的玩具被抢后，她都会又哭又叫，我会问她："怎么了？你告诉妈妈为什么哭。"当她还不能自己表达的时候，我会替她表达："你是想要那个玩具，对吗？"同时，我教她用手指向那个玩具。等她能够自己表达时，我会鼓励她："你要什么？指给妈妈看吧。"同时，我教她一些简单的单词，比如"mine"（我的，同时拍自己胸口），"help me"（帮助我）等，这些都是求救的信号。

让孩子学会正确表达自己的意愿，能够帮助他认识自己的情绪，等到今后遇到同样的问题时，他就可以通过表达来求救，而不是一味地哭闹和大叫。

使用同理心

如果宝宝表了自己的负面情绪，家长要及时给予反馈。比如，可以通过语言、拥抱、亲吻等方式来对孩子表示理解和接纳。这样一方面可以安抚宝宝的情绪；另一方面也让他明白：自己受到委屈时，父母是值得信赖的求救对象，他们会来保护我。其实，孩子安全感的建立就体现在这些点点滴滴当中。

帮助宝宝取回玩具

通常小D受"欺负"之后，如果我安抚了她，其他孩子的家长就会介入，有的父母会让自己的孩子把玩具还给小D。但如果其他家长没有干预的话，我会走到抢小D玩具的那个孩子面前说："她正在玩这个玩具，你可不可以等她玩好了你再玩？"说的时候语气要平静、坚定，并且看着孩子的眼睛说。大部分情况下，都可以取回玩具。

小D在很长一段时间内都处于"被欺负"的状态，但我还是乐此不疲地带她去和不同的孩子进行互动。因为我觉得这是帮助宝宝接触社会很重要的一课，通过这些互动她会明白，世界不是只像在家里那样，不是所有的人都会像父母那样让着她。我要做的就是成为一个引导者，既适度保护她，也让她明白哪些行为是正确的、哪些行为是不对的，以及应该如何应对别人错误的行为。

大J特别提醒

孩子受到"欺负"时，父母要注意控制自己的情绪。有的父母觉得自己的孩子被"欺负"，会情不自禁地感到气愤。其实，这个年龄段的宝宝还没有物权意识，他们并不是故意想欺负别人，而只是一种表达方式而已。而且孩子是很聪明的，他们可以非常敏感地捕捉到大人的情绪。如果父母表现得怒不可遏，抢玩具的孩子一定会表现得更加"叛逆"，因为他感受到了你的"敌意"。

05

宝宝打人，你管得不对才是大问题

小D第一次出现打人的情况，是在她矫正13个月时，当时我邀请了法国邻居的儿子来家里玩。我和邻居在一旁喝咖啡，两个孩子在游戏垫上玩。突然，小D摸了一下那个男孩的脸，并打了一下。当时我感到有些震惊，觉得她怎么变得这么"暴力"。

我当时有点儿手足无措，抱起小D和邻居说了句"对不起"，就不了了之了。后来，通过跟小D认知老师的沟通我才明白，小宝宝的"打人"行为很常见，关键要看父母的引导是否得当。

宝宝为什么"爱打人"

认知老师告诉我，学龄前的宝宝语言表达能力还很有限，当他们想表达却无法很好地表达自己时，第一反应就是使用他们更熟悉的方式——肢体语言，于是就会出现大人眼中所谓的"暴力行为"，比如打人、踢人、咬人等。所以，这个年龄段的孩子出现打人的行为是非常正常的，关键在于家长该如何去引导孩子。

防患于未然——教宝宝如何表达友好

在日常生活中，父母要有意识地教宝宝正确地表达友好的行为。比如，我会教小D去抱抱娃娃、亲亲娃娃，她要摸娃娃时，我会一边示范给她看，一边说"要轻轻地摸"。平时朋友来我家玩，我会教小D挥手说"嗨"来打招呼，临别时会教她挥手说"拜拜"。在宝宝语言发展还不完善的情况下，这些示范就是在教宝宝如何使用动作来表示友好。

冷静处理——让宝宝明白自己的不当行为对他人的影响

当宝宝打人时，不管是打家庭成员还是其他宝宝，父母一定要及时干预，千万不要一笑了之。父母的干预行为本身就是在告诉宝宝，这种行为是不对的，是不被允许的。如果父母不及时干预，其实就是在默许宝宝这样的行为。当然，对于如何干预，父母也需要讲究技巧。

明确地表达自己的立场

很多宝宝打了家里人时，一些父母或长辈会顺势和孩子继续打闹，甚至带着开玩笑的语气说："呀，你敢打妈妈，你这个小坏蛋！"这种做法是很不正确的。因为这样会让孩子错误地以为"打人"原来是可以得到关注的，是父母和我进行互动的一种方式。那么等他跟其他孩子一起玩时，看到自己喜欢的小朋友，他也会用同样的方式来获取关注。

面对孩子"打人"的问题，还有一些家长会走另外一种极端，即觉得特别气愤，甚至会通过打孩子来教训他，希望通过这样的惩罚让孩子记住打人是不对的。但对于3岁之前的孩子来说，这种做法高估了他的理解能力，因为他还不太明白"惩罚"的意思。相反，父母打他的行为会给他一个错误的示范，让孩子以为"原来我可以打人，因为爸爸妈妈也是这么做的"。

这时，最好的处理方法就是马上把孩子带到一旁，看着孩子的眼睛，用平静并且坚定的语气说："不可以打人，打人会伤害别人"。其中最关键的是要让宝宝停止正在进行的活动，这样他才能认真听你说话。

帮助孩子进行情绪梳理

在制止孩子后，父母需要根据孩子"打人"时的情况来进行处理。

如果孩子感到很生气，父母可以抓住孩子的手，继续和孩子说："不可以打人！"先让孩子平静下来，然后可以帮助孩子说出自己的感受（如果是大点儿的孩子，可以询问他的感受）："你很生气，对吗？非常生气，这么大的生气！"父母可以一边说，一边比画出西瓜的样子，因为对于小宝宝来说，生气程度用大小来表示会更加直观。这种方式其实是在帮助孩子认清自己的情绪，让他慢慢明白自己行为背后的情绪是什么。只有先了解情绪，才能学会如何控制和释放它。

如果帮助孩子梳理情绪之后，他还是想打人，你可以说："如果你继续打人，就只能让你去其他地方玩了。"这样可以让孩子明白，如果执意做出被禁止的行为，他是需要承担后果的。

如果宝宝没有生气，只是在表达友好，只不过下手重了一些，家长可以跟孩子说："你是希望Susie和你一起玩，对吗？你可以这样告诉她。"然后，示范给宝宝看，比如挥手说"嗨"，教宝宝如何正确表达自己的友好。

┃重视道歉的过程┃

这是很多父母都容易忽略的问题。面对孩子打人，我最关注的通常是弄清楚对错并教育孩子，却忘记了向别人道歉。其实这是非常重要的一个环节，能够让孩子学会对自己的行为负责。

如果小D出现打人的情况，我会等小D平静下来后对她说："你看，Brian被你打痛了，我们可以去说'对不起'吗？"这是在陈述事实，之后我会把焦点转移到她的行为对对方造成的后果上："你看，Brian很难过，因为你打了他。我们该怎么做才能让他开心起来呢？"说完，我和小D一起去跟被打的小朋友握手或拥抱，并跟他说"对不起"。

父母永远要起表率作用

永远不要小看父母榜样的力量，孩子最容易模仿的对象就是自己的父母。如果父母平时遇到情况总是情绪失控，比如大吵大闹，甚至动手等，这其实等于告诉孩子，这些行为都是被允许的。因此，要想教会孩子控制情绪，父母首先要学会控制情绪。

大 J 特别提醒

"打人"是孩子成长过程中很常见的现象，如果父母引导得当，不但能够有效控制孩子的不当行为，还能教会孩子如何与人友好相处，如何正确表达自己的情绪。而且处理这种情况对父母来说也是一种情绪修炼的过程，不是吗？

06

倔强孩子是"绩优股"，关键要看父母如何去引导

小D刚2岁时，她的倔脾气就已经很"出名"了。她小时候一旦愿望得不到满足就会大哭，哭声非常激烈，甚至有一次导致邻居报警，让人家误以为出了什么事。

我曾经问小D的认知老师她如何形容小D的性格，老师用了两个词：strong-willed（意志坚强，也叫倔强）、spirited（生气勃勃，也叫脾气暴躁）。相比"熊孩子""难养""不听话"，这两个单词可以有正、反两种含义，就看你如何看待这个问题。此外，倔强的孩子虽然看上去难养，但如果教养得当，就可以成为"高投入、高产出"的"绩优股"。

为什么说倔强的孩子是"绩优股"

倔强的孩子从小就是特别有主意的人，认定的事情会不顾一切地去完成，这正是父母觉得他们"难养""不听话"的原因。

对于这类孩子，只要小时候父母不强行打压他们的意志，他们成年后更容易成为领导者。因为他们知道自己想要什么，不会去盲从，不会轻易屈服于他人的意见。此外，这类孩子很擅长自我激励，会为了达到自己的目标而不停地奋斗。

养育倔强孩子的禁忌

面对倔强的孩子，家长的第一反应通常是如何调教他们，这是家长的本能反应。因为他们觉得自己的孩子相比其他孩子更加"顽劣"，为了让孩子顺从、听话，父母常常会使用大吼大叫、指责谩骂甚至武力制伏的方式来对待孩子。这是教养倔强孩子最大的禁忌。这样的做法容易出现两种极端：一类孩子会屈服，觉得"你们说什么，我就做什么"，但就此会丧失执着等宝贵的品质；另一类孩子会变得更加"顽劣"，他们觉得"哪里有压迫，哪里就有反抗"，真的变成一个叛逆的"熊孩子"。

要想培养好这只"绩优股"，父母要注重亲子关系的培养，通过良好的亲子关系来进行影响和正面引导孩子，而不是跟孩子对着干。小D的认知老师曾和我强调过，有效的管教＝90%的亲子关系＋10%持续、坚定地遵守规则。

倔强的孩子需要体验式学习

对于倔强的孩子而言，再多的说教都比不上让他自己体验一回。因为他们内心坚定，不容易受外界的影响，只有亲自尝试过、体验过才会罢休。比如，你告诉他很多次灯泡是烫的，不能摸，甚至都要使用武力来限制他了，他还是试图去摸。这时，不如让他自己摸一下，被烫一次之后，他就会长记性。当然，这样做的前提是不会对孩子造成严重的伤害。

此外，不要总对孩子说"不可以"，说得过多孩子就会"免疫"。可以在一些小事上让孩子吃一下"苦头"，等到下次真的遇到危险的事情，再跟他说"不可以"时，他就会更加听得进去。

巧妙利用倔强孩子的掌控欲

倔强的孩子通常会有更强的掌控欲，他们总是希望自己能够控制更多的事情，家长不妨利用这个特点来顺势引导孩子。比如对于刷牙这件事，家长帮他刷牙时，他可能很抗拒，但如果你把牙刷给他，让他自己刷，他就会变得很配合。也许一开始他刷得并不干净，但他非常乐意学习，家长可以多花点儿时间进行示范。当孩子感到更加独立，感到自己能掌控更多事情时，就会更加配合。

这一点我深有体会。小D以前穿鞋、脱鞋都会跟我闹，后来我就索性跟她说："哦，这是你自己的事，你自己脱吧。"这时，她反而会平静下来自己尝试。看她自己无法完成，我就会问："需要帮忙吗？""要！"接下来我就可以名正言顺地教她做了。对于很多她力所能及的事，我都会先让她自己做，等她需要我帮忙时我再提供帮助，这样反而少了很多无谓的斗争。

利用规律作息来建立规则

为倔强的孩子建立规则时，要避免说"你不可以""你必须"这类词语，因为这样很容易让父母和孩子形成对立面，从而给了他们"宁死不从"的机会。因此，家长不妨利用孩子的作息来建立规则，也就是说，我并没有要求你做什么，只不过是因为每天就该这样做。比如，"每天晚上8点需要睡觉，睡前妈妈会读绘本，如果你配合，我们就有时间读两本绘本"；"我们每天都是先做完作业，再看电视"。

小D第一次尝试过冰激凌之后，就深深爱上了它。为防止她今后吃过量，我告诉她每周可以吃一次。现在每次经过冰激凌的柜台，她就会对我大叫："我要冰激凌！我要冰激凌！"这时，千万不能跟她说"不能吃"，否则她一定会在公共场所发飙。相反，我会跟她说："每周六吃冰激凌，今天是周四，我们数数还有几天就可以吃冰激凌了，好吗？"然后，我引导她伸出手指来数数："一、二，哇，还有两天就可以吃冰激凌了，好开心。"她就会自己数一数，然后也特别开心地和我说"哇"。

花时间聆听孩子的心声

倔强的孩子更需要聆听，他们之所以倔强、不听劝，就是因为他们已经形成了自己的观点，并且不愿轻易改变这种观点。对于这类孩子，多花时间聆听他们的心声，可以帮助父母更好地了解他们。

一位朋友曾分享过她3岁女儿的故事。有段时间她女儿不肯洗澡，怎么劝说都没用。经过几次这样不愉快的经历之后，朋友决定换换方式，于是她问女儿："我知道你不想洗澡，但你可以告诉我为什么吗？"这一问，果然发现了问题的原因。原来她女儿最近在幼儿园新学了一首儿歌，儿歌描述了一个孩子被水呛到的故事，她之所以害怕洗澡，是因为怕自己会像儿歌里的孩子一样被水呛到。明白真相之后，朋友顺势引导，终于破解了孩子不肯洗澡的难题。

倔强的孩子特别擅长制造和父母之间的"斗争"，而很多时候父母也会无意识地陷入其中，于是很多管教问题就会演变为权力之争，要看到底谁说了算。

我的一个小经验就是留意自己在哪些情况下特别容易被孩子激怒，然后在心平气和的时候，在心里预演一遍这些场景。如果再发生类似的问题，我就提醒自己在心里按下"暂停键"，先不要发火。平时多排练几遍，再遇到问题就不会那么容易被激怒了。

大 J 特 别 提 醒

我从不苛求自己做完美妈妈，也不要求自己不能生气、不能发火，但我希望自己是不断进步的，至少今天的我比上个月的我更加心平气和，更能从容应对孩子情绪失控的局面，这就足够了。

07

爱孩子就要先学会跟他好好说话

"你这孩子怎么这么调皮？"

"我跟你说过不要这么做，你偏不听，现在吃苦头了吧？"

……

这些话大家应该都不陌生，在美国我也常常听到类似的评论。每每这时，我都会想起小D的认知老师跟我说过的一句话：There is no "wrong" kid; there is only "wrong" way of parenting. And parenting all starts from how we communicate.（这个世界上没有'熊孩子'，只有不恰当的育儿方式，而一切育儿方式的关键就在于我们如何跟孩子沟通。）

在和认知老师接触的过程中，我亲眼见证了沟通的艺术。无数次因为小D不听话而导致我的嗓门越来越大时，老师在一旁轻轻地点拨几句话，就会出现神奇的效果。而这时，我也常常会感叹，这样说效果真好啊！如何说孩子才会听，这是一门艺术，我也还在学习的路上。

多用描述性语言，少用评判性语言

小D目前正是精力旺盛、探索欲很强的阶段。她愿意参与很多事情，比如和我一起叠衣服，把擦过嘴的餐巾纸丢进垃圾桶，尝试着自己穿鞋，等等。但有时，我一个转身回来就会发现画风突变，本来应该把餐巾纸放进垃圾桶，结果她把整盒餐巾纸全部抽出来了。这时，我通常会习惯性地进行评价："你怎么这么调皮，把纸巾弄得到处都是？"大部分情况下，小D并不会停止她的行为，而这时我明显感到自己的情绪受到了影响，有时就会演变成"我是你妈妈，你必须听我的"这样的权力斗争。

有一次，类似的情况发生时，小D的老师也在场。她看到后，蹲下来看着小D的眼睛，平静地说："这些纸巾在地上挡住了路，我们都不能好好走路了。"令我感到惊讶的是，小D听完之后真的停下来了。

后来老师和我说，同样是指出把纸巾弄得地上到处都是，如果少评价孩子的行为，只描述事实并指出这个事实可能产生的影响，孩子就更愿意合作。因为家长一旦有评价，就容易引发孩子的抵抗情绪。其实孩子生来就是愿意合作的，只不过很多时候亲子沟通的情绪影响了他们，让他们产生了抵触。这样做的另一个好处，就是当父母在描述事实时情绪会更加平静，自然也更加容易解决问题。

多给情绪贴标签，少给个人贴标签

小D的自我意识很强。有一次，我和小D的认知老师急着带她出门去参加音乐课，我因为太赶时间而没有提前知会她，直接把她抱到门口，开始帮她穿鞋。她不肯穿鞋，还试图踢我。我当时脱口而出："你怎么这么不乖，怎么可以踢人？"结果我气急败坏，小D也在一旁大叫，场面一团糟。

这时，认知老师蹲下来对小D说："我看得出来你很生气，因为你并不想出门。但我们不可以踢人，踢人会痛。"她继续大叫时，老师就反复说："你很生气，太生气了，真的非常生气！"直到小D最终冷静下来。

事后，老师和我总结，孩子最初的自我认知都是从父母那里开始的，很多父母面对孩子的一些"捣蛋"行为，不经意间就给孩子贴上一些标签，比如"你太不乖了""你不是好孩子"等。如果经常对孩子这样说，就可能让孩子形成一种自我认同，变成一种负面的暗示：因为"我不是好孩子"，所以"我就不听话"。

其实两三岁的孩子并不会故意去做一些不良的行为，很多时候他们只是因为无法用语言表达自己的情绪，只能通过行为来表达。因此，面对孩子的过激行为，最关键的是帮助他们正确认识情绪，而不是对他们进行"人身攻击"，或给他们贴上各种负面的标签。帮助孩子认识自己的情绪，是让孩子学习情绪管理的第一步；而减少对孩子的负面评价，则有助于孩子形成积极正面的自我认同感。

多提供弥补方式，少使用惩罚工具

一次，小D的几位康复师来家里开团队会议，总结小D近期的发育和发展情况。其间，小D一直想玩大家的水杯，被我制止了很多次仍然无效，后来终于把一杯水倒在了喂养与语言康复师Carol身上。我一下子跳起来，一把抱起小D，对她说："跟你说了很多次你都不听，看，打翻了吧？赶紧对Carol说'对不起'！"小D大概是被我的反应吓到了，就是不肯说，还挣扎着想下来，我却坚持让她说完"对不起"再放她下来。

小D的认知老师看到后，拿出一张纸巾递给小D，并跟她说："哎呀，你不小心把杯子打翻了。Carol的裤子都湿了，你可以去帮她擦擦，跟她说'对不起'吗？"这几句话显然比我刚才做的一切管用，小D非常配合地去擦了Carol的裤子，还在大家的提示下说了"对不起"。

第二天我和认知老师谈起这件事，她说这通常也是大部分家长容易犯的错误。当孩子做错事后，家长们常常急于纠正错误，希望孩子可以马上说"对不起"，但因为太着急了，既没有让孩子的情绪得到抒发，也没有让孩子明白自己到底做错了什么。有的父母甚至会因为孩子抵触而进行打骂，那就更加不应该了。

为人父母的我们常常会忘记，不仅成人之间需要沟通技巧，亲子之间更需要沟通的技巧，而其中最关键的就是要尊重和接纳孩子。

　　不管多调皮的孩子，犯错后都会有羞愧的情绪，而惩罚和打骂的方式并没有让孩子为情绪找到出口。情绪没有发泄出来，有的孩子就"偏不道歉"，有的孩子会"虚心接受，屡教不改"。因此，正确的方法是教孩子学会对自己的错误行为负责，并允许他做出弥补，以便让孩子的羞愧情绪转变成更加正面积极的情绪：我的确做错了，但我可以为自己的错误负责，我现在正在弥补自己所犯下的错。

08

terrible two——孩子的第一次独立宣言，你听懂了吗

"terrible two" 背后真正的原因是什么

"terrible two"（可怕的2岁）泛指2岁左右的孩子表现出的坏脾气、撒泼、无理取闹、大哭大叫等现象。为什么2岁左右的孩子会有这些表现，这些行为背后的原因到底是什么呢？

▌孩子天生需要关注▌

孩子从出生开始就希望得到关注，如果不能及时得到关注，他们就会通过负面的行为来寻求关注，比如尖叫、大哭、撒泼打滚、黏人等。的确，当孩子出现这些行为时，大人往往就会去关注他们，不是吗？

这就像两个人谈恋爱时，谁没有过故意发脾气、故意"作"来获得另一半关注的经历呢？如果父母能够提前往孩子的"关注需求账户"存款，那么孩子表现出负面行为的概率就会小很多。而最好的"存款"方式就是高质量的陪伴，比如每天花10分钟，抛开一切杂事、不带任何目的地和孩子大笑、玩耍，或专心致志地搭积木、玩黏土等。

▌孩子天生需要权利▌

从孩子出生开始，大人就为他们做一切决定，从什么时候吃饭、吃什么

到穿什么衣服、去哪里玩等，孩子可以自己决定的事情少之又少。随着孩子慢慢长大，他的自我意识逐渐增强，他开始希望掌控自己的世界。但由于他们的语言发展还比较有限，无法很好地表达自己的意愿，于是就会用极端的行为来表示抗议和宣布自己的"主权"。

这就是为什么越是受宠的孩子脾气越差、越难管教，原因就在于大人给的爱不是他想要的。当孩子想要寻求独立和权利时，大人却事无巨细地样样包办。

对于孩子而言，"关注"和"权利"两者缺一不可。以小D为例，她从小到大并不缺少关注，至今医生看到她都会由衷地说，尽管她是早产宝宝，但她的安全感建立得很好，是个被爱充盈的孩子。但我之前很少赋予她权利，总把她当成那个小小的弱不禁风的宝宝，而忽略了她想自己做主的意愿。而这则成为小D大发脾气的导火线。

面对孩子暴风骤雨般的脾气，父母应该怎么办

满足了孩子"关注"和"权利"的需求后，并不意味着他们100%不会再发脾气。因此，家长还需要提前学习如何应对这样的情况。

▌自己保持冷静▐

处于"terrible two"阶段的孩子，发脾气时再也不像小时候那样只是哭，他们会在地上打滚、乱踢、大叫、打人、摔东西等。如果这样的情况恰巧发生在公共场所，父母就会更迫切地希望孩子能够立即停止哭闹。这样导致的结果就是孩子大哭大闹，父母大吼大叫："再不停下来我就不要你了！再不停下来我就打你了！"

其实，这样的做法只能导致两败俱伤，根本不能解决问题。很多父母说，道理我都懂，但"熊孩子"一闹，我就控制不住自己。我也发过脾气，明白那种火气直往上蹿的感觉。我现在常常使用一种叫作"假装平静"

（fake it until you make it）的方法来平复自己的情绪。每次遇到小D哭闹时，我会立即提醒自己："我即使发脾气也解决不了问题，还不如先冷静下来。" 同时，我会把声音放低，语调变轻，她哭得越大声，我的语调就越温柔。

这个方法对我来说很有效。经过多次尝试以后，我现在已经能够很平静地应对这些情况了。事实上，当我越平静时，通常能够越快地解决孩子发脾气的问题。

▌陪伴却不干预▐

当孩子正在非常激烈地发脾气时，家长的第一反应就是希望孩子立刻停下来。但对于正处在负面情绪当中的孩子来说，他们听不进去任何话，反而会变本加厉。事实上，对于正在发脾气的孩子来说，最好的方法是陪伴而不干预。

通常我会陪在小D旁边，不做任何事。有时她发泄完就会好起来，有时她会持续哭闹很长时间，这时我就会平静地对她说："我知道你很难过，你想出去玩，但现在天黑了，我们不可以出去了。" 跟孩子说话时，关键在于家长的语音、语调、表情和肢体语言都要表现得平静且坚定，这样才能告诉孩子：父母会坚持自己的原则，你即使大哭大闹也没有用。如果是在公共场所发生这种情况，为避免打扰大家，可以把孩子转移到一个人少的地方再进行。

▌事后谈论▐

当孩子平静后，记得要第一时间把孩子抱起来亲亲他，让他知道"妈妈还是爱你的"，同时也让他知道好的行为是值得鼓励的。之后，父母最好用简单的语言复述一下之前发生的行为，比如：

"我知道你刚才很生气，因为你想出去玩。" （*帮助孩子用语言描述自己的情绪。*）

"不好意思，我刚才无法理解你，因为你一直哭，我不知道你想干什么。"（让孩子明白，语言表达比哭更加直接、有效。）

建立规则与爱并行的亲子关系

面对孩子年龄渐长、脾气渐大，父母经常会表现出两种极端的方式：要么简单粗暴地打骂孩子，要么毫无原则地进行妥协。这两种方式的共同点就是总想立即解决问题。所谓的"terrible two"只是孩子的第一次独立宣言，但绝不是最后一次，之后还会有"horrible three"（恐怖的3岁）、青春期等。因此，父母需要从一开始就认真地考虑如何应对这些特殊的时期，致力于建立规则与爱并行的亲子关系。

Part 7

运动发展篇

——四肢发达，头脑才会更聪明

01

核心肌肉群——宝宝发育问题的根源

　　"我家宝宝虽然会坐了，但坐起来背是弯的，还摇摇晃晃。"

　　"我家宝宝吃辅食时总是吞咽不好，还老是干呕。"

　　"我家宝宝伸手够东西时总是不精准。"

　　"我家宝宝只会用腹部匍匐爬行，不会手膝爬[1]。"

　　"我家宝宝虽然会站了，但站起来时膝盖是直的。"

　　……

　　其实这些问题小D都经历过，小D在美国的所有康复师都跟我说："Everything comes from core（核心肌肉群是一切的基础）。"就是说，宝宝任何方面的发展都需要从全局来看，而核心肌肉群是所有能力，包括坐、爬等大运动，抓握等精细动作和咀嚼等能力发展的基础。

什么是核心肌肉群

　　核心肌肉群，就是身体的中部躯干，包括腹部、背部和骨盆的肌肉，它的主要功能是负责身体的稳定性。试想一下，当你在一辆非常颠簸的车上坐着吃饭或够东西时，是不是感到非常困难？如果小宝宝的核心肌肉群比较弱，他们就好比坐在一辆颠簸的车上，自然无法很好地完成其他的动作。

1　即双手和双膝同时着地爬行。

为什么要训练核心肌肉群

宝宝的发展过程，特别是大运动的发展过程就像盖大楼，而核心肌肉群就是地基。只有地基打得扎实，楼才能盖得高而不倒。不要以为宝宝会抬头、会坐就可以了，会做一个动作和完成这个动作是否标准、是否轻松还是有很大区别的。那么，什么叫标准？什么叫轻松？最简单的一个判断方法，就是对照大人的动作。举例来说，大人站立的时候膝盖是放松的，但很多宝宝站立时膝盖是绷直的，这就是不标准的。所以，不管宝宝现在处于哪个阶段，核心肌肉群都是需要持续进行锻炼的。

如何锻炼核心肌肉群

手膝爬是锻炼核心肌肉群最好的方法之一。小D的大运动康复师一直鼓励她多练习手膝爬，不要急着站和走。手膝爬除了能够锻炼核心肌肉群，还能帮助锻炼手臂力量、身体协调能力等，好处多多。在宝宝还不会手膝爬时，也有一些方法可以锻炼核心肌肉群。

宝宝会抬头后

▌拉坐▐

进行拉坐的前提是宝宝的头不能后仰。一旦发现拉坐起身时宝宝的头后仰，就应该立即停止拉坐，因为强行拉坐有害无益。此外，在拉坐时用力要得当，不要使用蛮力，否则很容易导致宝宝的手臂脱臼。

◆初级版

一开始做的时候，我和老公会配合进行。我用双手拉住小D的手，老公用一个小D喜欢的玩具逗她，吸引她起来。拉坐动作的要点是宝宝的下巴要内收，这样才能让核心肌肉群发力，起到锻炼的目的。一开始拉她的时候，我会用一点儿力气，这样她就更容易起来。

◆进阶版

当小D更加强壮后，我就让她握住我的食指自己起来，而不是我拉她起来。可见即使是同一个动作，随着难度的变化，对肌肉的要求也是不一样的。

◆如何融入日常生活

小D从任何躺着的姿势（比如换尿布）起来时，我都不会直接把她抱起来，而是通过拉坐让她起来。这是我一直强调的观念，一定要把这些训练融入日常生活当中，这样宝宝就不会排斥康复和运动。

"飞机飞" 或 "超人飞"

这个动作和拉坐相辅相成，拉坐可以锻炼宝宝肚子上的肌肉，而"飞机飞""超人飞"可以锻炼宝宝后背的肌肉。如果平举宝宝时，宝宝的手脚都下垂，就说明宝宝的肌肉还没有能力做这个游戏，这时就先做普通版的抬头训练，再慢慢过渡到这个游戏。

◆初级版

双手抓住宝宝的身体，让宝宝悬空，鼓励他的头和脚两头翘起。

◆进阶版

如果"飞机飞"或"超人飞"宝宝已经做得很轻松了，就可以鼓励宝宝伸手去够东西，同时保持两头翘起。不要小看这个够东西的动作，即便宝宝"两头翘"已经做得很好，在够东西时脚也很容易垂下来，或者手够不准。这说明相比初级版，进阶版的难度加大了。

◆如何融入日常生活

平时在家里抱小D走动时，我们都会时不时让她这样"飞起来"。有时，我还会用这样的姿势带着她参观屋子。

宝宝会坐后

小D会坐之后，我们就通过瑜伽球让她练习如何维持身体平衡，从而锻炼核心肌肉群。

◆初级版

我让小D面对我坐在瑜伽球上，我用双手扶住她的身体，然后上下颠球，让她学习控制平衡。注意，扶住宝宝的身体时，扶的位置越高，对宝宝来说难度就越低，我一开始是扶小D的腋下，后来换成扶她的腰部。

当小D习惯在球上的状态后，我会缓慢地将球往上、下、左、右4个方向转动，让她靠自己的力量（核心肌肉群）始终保持在球的正中央。开始由于她的核心肌肉群不够强壮，非常容易顺势倒下去。我会把球转向一边，然后停顿半分钟，让她慢慢找到平衡并调整过来。随着她核心肌肉群的逐渐强壮，中间停顿的时间就可以缩短。

◆进阶版

当小D熟练了瑜伽球的训练以后，我会进一步提高难度。这时需要两个人来配合宝宝，我继续扶住小D的身体，让她坐在球上，老公在一侧用玩具逗她，让她转动身体，用另一侧的手去够玩具。注意，一定要用另一侧的手去够玩具。比如老公在小D的右边，就需要小D用左手去够玩具。这个动作既需要她维持身体平衡，也需要她伸展腰部两侧的肌肉，对核心肌肉群的要求非常高。

◆如何融入生活

每天我和小D都有唱歌时间，唱歌的时候，我会把小D放在球上，一边唱歌一边随着音乐的节奏转动瑜伽球，以锻炼她的平衡感。

大 J 特 别 提 醒

以前我一直以为美国在医学方面很先进，但在宝宝的发育和发展方面，美国其实挺"笨"的，就是主张老老实实把基本功做好，从来不走捷径。以大运动训练为例，康复师不会推荐任何药物和仪器。他们不仅追求宝宝能够抬头和独坐，还会看抬头和独坐的动作是否标准，而且会反复让宝宝练习核心肌肉群这个基本功，就像大运动康复师所说的"Slow is new fast（慢即是更快）"。

02

宝宝过了1岁还不会走路，怎么办

"我家儿子现在13个月还不会走路，每次和小区其他孩子比，我都很担心。"

"我家女儿11个月还不会走，我决定给她做康复。"

"你家小D已经14个月了还不会走，你不担心吗？"

......

1岁仿佛是个神奇的时间点，宝宝刚过1岁，所有的人都会来问，你家宝宝会走路了吗？尤其是国内，好多人都认定"宝宝1岁会走路"，因此导致好多足月、健康宝宝的妈妈都会感到焦虑，更不要说早产宝宝的妈妈了。

小D矫正14个月时还无法独立行走，只能扶着站和走。记得她刚过矫正1岁生日时，我很希望她会走路，因为对于一个孩子被扣着"脑瘫高危儿"帽子的妈妈而言，我深深地明白独立行走的意义。那时我也有过焦虑，但通过与小D的大运动康复师的交流，我变得不再焦虑了。

过了1岁还不会走路，真的晚了吗

大部分家长都期望孩子在1岁左右会走路。美国儿科学会指出，宝宝在9～18个月开始独立行走都是正常的，而且没有任何研究表明早走路的孩子今后比晚走路的孩子有明显的优势。

在1岁前，宝宝需要花费很多精力来发展技能，比如认知能力的发展、大运动的发展、精细动作的发展、语言的发展等。有的宝宝对语言更感兴趣，大运动的发展则相对慢一些，通常这种类型的宝宝被称为"社交型宝宝"。

有的宝宝是因为父母没有给他们创造合适的机会，比如经常抱着宝宝，经常让宝宝躺着，或者在宝宝会爬以后因为受到限制而不能很好地锻炼爬行。这种情况下，宝宝就没有机会去发展站立和走路的能力。

由于每个宝宝的兴趣点不一样，他们会主动把精力先投入到自己感兴趣的方面，然后再发展其他的方面。所以，如果宝宝过了1岁还不会走路，家长可以观察一下，看宝宝是不是在其他方面表现得比较突出（比如语言方面），或者检讨一下平时是否提供给宝宝足够多的锻炼机会。

什么情况下需要引起注意

大运动发展和其他能力的发展一样，是一个循序渐进、水到渠成的过程。走路这件事常常被父母过度放大，以至于我们忘记了会走路只是个结果，从而忽略了宝宝之前的大运动发展情况。举例来说，如果宝宝从抬头开始就比其他孩子慢，那么他学会走路的时间很可能也会比较晚。所以，如果宝宝过了1岁还不会走路，父母们不要一味地担心，而是应该根据宝宝之前的大运动发展情况，来调整当前和今后对大运动发展的预期。

健康的宝宝通常越大越好动。如果宝宝在1岁左右时表现得非常好动，那么即使他不会走，你也会发现他会有意识地想扶着东西站起来，或者靠着沙发能够站立得比较稳。这些现象都在告诉父母，宝宝正在发展相应的技能，以便为走路做准备。

相反，如果宝宝没有这些意识，甚至还不能独坐稳当，爬行也不是很理想，那么父母就应该重视起来，尽早去医院做检查，并进行评估和干预[1]。

有肌张力问题的宝宝，以及出生时有脑部出血、窒息而导致脑部损伤的宝宝，尤其需要注意。通常这类宝宝很早就表现出运动方面的问题。比如，小D从一开始大运动发展就有延迟，她抬头的时间比正常时间晚了3个月，独

1　注意，早产宝宝的大运动发展需要按照矫正年龄对照相应的标准。

坐比正常时间晚了1个半月，自然地，我们预测她走路也会延迟。

小D的大运动康复师说，对于这类孩子，父母需要关注的是他们发育过程中追赶的趋势，而不是一味地对照标准来衡量。小D是脑瘫高危儿，她一直在追赶，尽管现在还有延迟，但从追赶趋势来看，她一直在进步。对于这类宝宝，父母需要及时进行康复干预，而不是等到宝宝1岁时发现他不会走路才开始着急。同时，已经进行康复干预的父母，对宝宝的发展情况一定要有合理的预期，不能只对照标准或其他孩子来比较，而是要看宝宝的追赶趋势。

关于宝宝走路的误区

由于大家对于走路过度重视，导致很多父母拔苗助长，出现很多为让宝宝尽快学会走路而发生的误区。

误区1：会爬之后应该尽快练习走路

很多父母看到宝宝刚刚会爬，就急着让他学习站立和行走，这种拔苗助长的做法是非常不可取的。小D的大运动康复师建议，足月宝宝要爬够500小时，早产宝宝要爬够1000小时，因为多爬对宝宝各方面的发展都非常有帮助。例如：

- 锻炼核心肌肉群，而核心肌肉群是宝宝成长发育的基础；
- 增强肩部的稳定性，为宝宝今后学习吃饭、写字打基础；
- 学习如何控制大腿，稳定自己的盆骨，为今后走路打基础；
- 锻炼身体的协调能力，开发左右脑，为今后的学习能力、运动能力等打基础。

误区2：用学步车帮助宝宝练习走路

美国儿科学会建议，禁止宝宝使用学步车。学步车不仅不能帮助宝宝学习走路，而且容易在宝宝还没准备好时就提前让宝宝练习走路，具有导致宝宝大腿肌肉发育不良的风险。

美国有研究表明，使用学步车的宝宝通常比不使用的宝宝晚走路至少1个半月。此外，学步车还容易发生危险，美国曾发生过无数起因为婴儿使用学步车而摔倒的事故。

误区3： 学步鞋能够帮助宝宝学习走路

"学步鞋"这个名字本身就非常容易误导人。鞋子的主要功能是保护脚部，穿学步鞋不是为了学习走路，而是为了保护宝宝的脚部不受到伤害。

宝宝在学步期间应该尽量光脚，直到宝宝可以独立行走再开始穿鞋。开始学步时让宝宝光脚走，宝宝会更加容易抬头挺胸，形成良好的走路姿势，而且也会走得更加协调。因为光脚走路时，脚掌的末梢神经能够直接感受地面，接收地面传来的压力，也能更好地感知地面的高低变化，以便及时调整身体的平衡。而如果在学步期穿鞋走路的话，这些感知就会受到阻隔，宝宝需要低头看着地面来判断地面的变化，久而久之就容易形成低头走路的习惯。

大 J 特 别 提 醒

作为一个妈妈，我特别理解父母希望宝宝尽快学会走路的心情。但不能只关注宝宝会不会走路，而是要看宝宝是不是有这样的发展意识来为行走做准备。只要前期做好了充分的准备，学会走路只是水到渠成的事。

03

不要盲目纠正宝宝的"青蛙腿"

"不要穿纸尿布，否则会让宝宝变成'青蛙腿'。"

"从小要把宝宝的腿裹住，长大后腿才会又长又直。"

……

这些观点你是不是都听说过？婴儿的"青蛙腿"的确是很普遍的现象。小D因为早产导致肌张力异常，一直在大运动康复师的帮助下进行康复。她的任何姿势都要经过大运动康复师来把关。我看到小D躺着时有"青蛙腿"的趋势，总想把她拉直。大运动康复师看到后，连忙制止我，跟我讲了关于"青蛙腿"的那些误区。不过，本文主要是针对18个月以内的宝宝讨论的。

婴儿出现"青蛙腿"正常吗

宝宝在妈妈子宫里时，很长时间内都是蜷缩着的，因此盆骨和膝盖都是弯曲的。宝宝出生后，需要几个月的时间关节才能正常伸展。如果宝宝出生时是臀位的话，伸展关节需要的时间会更长。我们通常所说的婴儿"青蛙腿"，其实就是指宝宝的关节还没有伸展开，这是非常正常的现象。

关于"纸尿裤导致'青蛙腿'"的论断，更是无稽之谈，这是宝宝发育的正常现象，完全和纸尿裤无关。通常到18个月后，宝宝的膝关节才会慢慢伸直，宝宝2岁以后出现"青蛙腿"的情况就非常少见了。

强行拉直宝宝的"青蛙腿"会有什么后果

我们首先来了解一下盆骨关节的构造。宝宝的大腿根部有个像球一样的骨头嵌套在球窝里（如图1所示），当宝宝出现"青蛙腿"时，由于大腿骨头被膝关节支撑着，因此对盆骨关节的压力是最小的。

在宝宝出生后的最初几个月，由于球窝的边缘是软骨，因此球状骨头嵌套得很松。如果这时候盆骨被人为拉伸（如图2所示），很容易造成球窝处的软骨受伤（医学上称之为"髋关节发育不良"），而且这种伤害是终身的，或者造成球状骨头滑出球窝（医学上称之为"髋关节脱位"）。

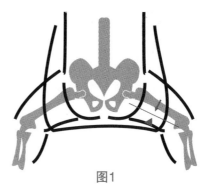

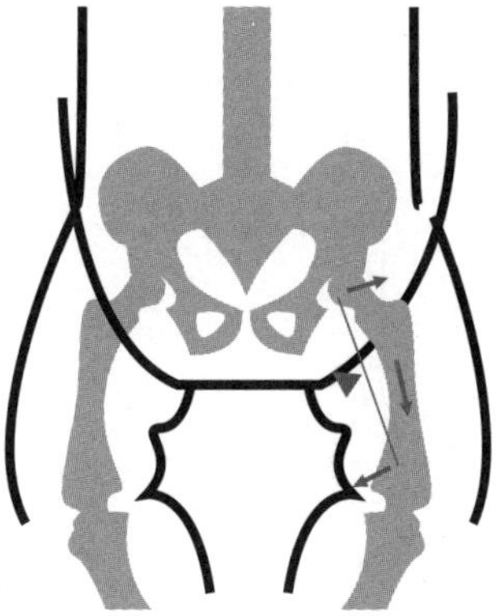

图1

图2

大 J 特 别 提 醒

最可怕的是，髋关节发育不良或髋关节脱位对宝宝来说是不痛的。很多出现这种问题的宝宝，都要等到会走路才发现异常，而通常这时问题就已经比较严重了。

如何避免对骨盆关节的损伤

宝宝出生后的前6个月是出现髋关节问题的高发期，6个月以后宝宝的髋关节逐渐变得强壮，这个风险就会显著降低。当然，不要以为不帮宝宝拉直腿就万事大吉了，其他一些不正确的做法也可能会对宝宝的盆骨关节造成伤害。

▌包襁褓▐

小月龄宝宝都会有惊跳反射，包襁褓可以让宝宝睡得更踏实。小D从医院回家后，一直包襁褓到矫正5个月。小D在NICU的护士特地关照我们，宝宝的襁褓一定要上紧下松，每次包好都需要检查一下宝宝的腿是否可以活动，能否有足够的空间让宝宝形成"青蛙腿"。

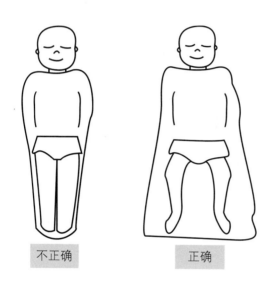

不正确　　　　　正确

▌安全座椅▐

为宝宝挑选安全座椅时，一定要挑选大小合适的款式。左图中的安全座椅过窄，相当于人为地将宝宝的腿拉直，增加了伤害髋关节的风险。

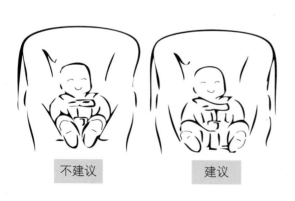

不建议　　　　　建议

背带

这一点是大运动康复师特别要求我们注意的，因为美国发生过多起因为背带导致宝宝髋关节脱臼的案例。买背带不能只看品牌，关键还是要亲自试一试，保证宝宝坐上去能够形成"青蛙腿"，这样才表明宝宝的整个屁股都受力坐在了背带上。

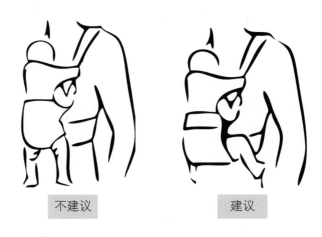

不建议　　建议

可见，"青蛙腿"不但是非常正常的，而且也是对宝宝最安全的姿势。所以，千万不要再打着爱的名义，去做伤害宝宝的事。

04

"W"形坐姿对宝宝有害无益

在小D学会独坐没多久，有一天大运动康复师看到小D的坐姿后，连忙大声叫道："No，no，no'W'sitting！（"W"形坐姿千万要不得！）"

我一开始还挺纳闷，因为这个坐姿太常见了，我周围好多朋友晒宝宝照片时常常会发现这样的坐姿。但大运动康复师再三强调，对于宝宝的大运动发展，不仅要看会不会做动作，还要看动作是否标准，同时还要防止出现不良姿势。下面就来谈谈"W"形坐姿。

什么是"W"形坐姿

"W"形坐姿是指宝宝坐时两条腿的小腿都向外弯曲，如果从宝宝的头顶看，他的腿就像字母"W"一样。每个宝宝在刚刚学会独坐时都非常容易形成"W"形坐姿，因为这种坐姿底盘最宽，重心最低，所以能够坐得比较稳。宝宝是很聪明的，他们知道这是最省力的坐姿，是不需要花力气去维持身体平衡的坐姿。

"W"形坐姿有什么危害

如果宝宝在刚学会独坐期间经常使用这种坐姿，会影响接下来其他的大运动发展。因为宝宝处于这种坐姿时，核心肌肉群没有得到锻炼，无法发展良好的平衡反应，也无法进行跨越身体中线[1]的练习。

▍影响核心肌肉群的锻炼▍

宝宝呈"w"形坐姿时，底盘很稳，所以宝宝可以一直"偷懒"，无须花费很多力气来维持这种姿势，从而无法起到锻炼核心肌肉群的作用。

▍无法发展良好的平衡反应▍

当宝宝处于其他坐姿时，如果他想伸手去够离自己稍远的玩具，会出现失去重心、用手撑地的现象，这个过程能够很好地锻炼宝宝的平衡反应。而宝宝呈"w"形坐姿时，几乎不会出现这种现象，因此无法练习身体的平衡反应。这个技能其实是非常重要的，今后宝宝走路或跑步摔倒时，可以利用这种反应来保护自己不受到严重的伤害。

▍不能进行跨越身体中线的练习▍

跨越中线的技能具有整合左右大脑，影响今后阅读、生活自理和学习等能力的作用。当宝宝处于正确的坐姿时，可以随意转动身体，从而可以进行手跨越身体中线的练习。但当宝宝呈"w"形坐姿时，就失去了转动身体的自由度，从而无法锻炼手跨越身体中线的能力。

大运动的发展过程就像搭积木，如果前一阶段的运动发展没有得到很好的锻炼，下一阶段的运动发展就会受到影响。

宝宝已经养成了"W"形坐姿，怎么办

了解"w"形坐姿的危害之后，很多妈妈可能都会感到惊慌，就像大运动康复师跟我说时我的反应一样。对此，大运动康复师说，只要"w"形坐

1　跨越中线是指身体的某个部分（如手、脚、眼等）可以自主跨过身体的中轴线，到身体的对侧区域完成各种任务的能力。

姿发现得早，并及时改正，并不会对宝宝造成太大的影响。

首先，要继续增强核心肌肉群的锻炼。宝宝之所以喜欢"W"形坐姿，就是因为这个坐姿是最省力的。换句话说，正是因为宝宝的核心肌肉群不够强，宝宝才会选择这个坐姿，因为这个坐姿最容易让他维持身体的平衡。因此，要继续加强宝宝核心肌肉群的练习。

其次，要鼓励宝宝多用其他的坐姿。以下这些坐姿可以让宝宝轮流选择。

● 盘腿坐：双腿向内弯曲，这是宝宝刚开始练习坐时最应该鼓励他采用的坐姿；

● 半盘腿坐：一条腿伸直，一条腿向内弯曲；

● 侧坐：一条腿向内弯曲，另外一条腿向外弯曲；

● "V"形坐：两条腿伸直，斜向前；

● 长坐：两条腿都向前伸直。

不同的坐姿锻炼的肌肉群其实是不一样的。坐的时候，腿和屁股形成了一个底座，通常底座越宽，宝宝就坐得越稳。所以，从难度上来讲，盘腿坐最容易，长坐最难。

大 J 特 别 提 醒

如果宝宝已经习惯了"W"形坐姿，刚开始切换成其他坐姿时宝宝会感到不适应。这时，妈妈们需要多花一些时间陪伴宝宝采用新坐姿来玩耍，让他们逐渐适应其他坐姿。

05

如何帮助宝宝练习抬头

小D出院后，大运动康复师为她做了一项运动评估，情况很不乐观。她的躯干肌张力低，而上肢肌张力高。好长一段时间内，她的头颈和整个身体都是软的，根本没有力量抬头，而且她非常讨厌趴的动作。相比于其他大运动，抬头是最简单的，她却花了整整3个月才能抬头至90°，反而后来的大运动追赶没花那么长时间。现在回想起来，也许正是那3个月每天坚持练习抬头为她接下来的大运动发展打下了坚实的基础。

头部控制是宝宝的第一个大运动发展里程碑，也是接下来所有大运动发展的基础。新生儿的大运动发展是从上往下进行的，不会抬头，就不会有接下来的翻身、独坐、爬行和走路，可见抬头是多么重要。那么，该如何帮助宝宝进行抬头练习呢？

转头——基本功

0～2个月的宝宝仰卧时，能够自己把头从中间转向两边。这个看似很普通的动作，其实是宝宝头部控制的第一步。如果发现宝宝已经超过2个月还无法自己转头，就需要父母帮助宝宝进行练习。大人可以拿一个发光或发声的玩具，在宝宝视力范围（30厘米）以内，从左到右缓慢移动，鼓励宝宝跟着玩具转动头部。

对于早产宝宝而言，只要宝宝过了原本的预产期就可以进行这项训练。小D是过了原本的预产期才离开NICU的，所以错过了锻炼转头最关键的时期。再加上由于脑部出血而导致肌张力低，她的头部控制能力落后了很多。

转头是趴着的前提，所以在练习趴之前，一定要把这个基本功练扎实。

趴

趴的重要性怎么强调都不过分。趴对于宝宝抬头、增强肩颈力量等都是至关重要的。美国的儿科医生在给新生儿做第一次体检时，总是会说一句话：平时让他多趴着。趴有很多变形的方法，我选择大运动康复师推荐使用的几种方法来和大家分享。

▎垫高胸部——适合刚开始练习趴的宝宝 ▎

宝宝刚开始练习趴时，头颈的力量还不够强，有时候家长再怎么用玩具逗，宝宝也抬不起头。有的宝宝尝试几次以后仍不成功，就会丧失信心，不再喜欢趴的动作。因此，一开始可以用毯子或哺乳枕垫在宝宝的腋下，这样宝宝会比较容易抬头。如果宝宝抬头成功，哪怕仅仅抬起一点点，大人也一定要给予鼓励。趴是大运动发展的第一步，大人给予及时的肯定，可以强化宝宝对运动的喜爱，建立运动的信心，今后就不容易排斥运动训练。

▎"袋鼠趴"——适合刚开始练习趴或者不喜欢趴的宝宝 ▎

刚出生的宝宝都特别喜欢听妈妈的心跳声，因为这是他们在子宫里一直听到的声音，会让他们感到安心。"袋鼠抱"是指宝宝趴在妈妈胸口的抱法，是美国NICU一直使用的早产宝宝疗法，而"袋鼠趴"就是从"袋鼠抱"演变过来的。妈妈可以斜靠在躺椅上，让宝宝躺在自己胸口，对着宝宝说话，鼓励宝宝抬头看妈妈的脸。之后可以慢慢增加难度，妈妈平躺在地上让宝宝练习"袋鼠趴"。"袋鼠趴"是普通趴一种很好的过渡，不仅能避免宝宝不习惯直接在地上趴，还能增进亲子互动。

▌球上趴——进阶版的趴，可以选择性使用▐

这是小D一直进行的趴法，是普通趴的进阶版。我前面提到过，小D到矫正3个月时还无法抬头，大运动康复师说要使用瑜伽球来强化训练。小D一开始的球上趴训练都是大运动康复师做的，后来我和老公也学会在球上对小D进行训练。需要强调的是，球上趴是比较专业的训练方法，如果家长没有信心完成，宁可不练，也千万不要硬来。

进行这个练习时，最好有两个大人来配合。把宝宝平放在球上，一个人缓慢地将球往前、后、左、右移动，另外一个大人面对宝宝，呼喊宝宝的名字或拿着玩具逗引宝宝。当球往前、往后移动时，鼓励宝宝的头往上抬；当球往左、往右移动时，鼓励宝宝的头分别往右上和左上抬（和球移动的方向相反）。

拉坐（终极版）

经过一段时间的训练，如果宝宝趴着时可以抬头，并且可以左右转动头部，就可以让宝宝开始练习拉坐。但要注意，进行拉坐的前提是宝宝的头不能后仰。

最后也是最重要的一点，宝宝只要不是仰卧，都可以锻炼头部和颈部的力量。小D的大运动康复师非常反对长期让宝宝仰卧，他建议，宝宝醒着的时候要尽量减少仰卧的时间，多改变宝宝的姿势。

总　结

● 少抱，多趴。这一点说起来容易，做起来难。宝宝刚出生时，大人觉得怎么疼爱都不够。尤其是老人，恨不得天天抱着宝宝。我的父母都在国内，每次视频看到小D趴着，刚过5分钟就心疼地说："赶快抱抱，趴着多累啊！"大人总是用自己的标准去评判宝宝，其实宝宝刚开始对趴并没有所谓的厌恶或喜欢，他们后来形成的喜欢或厌恶，都只是折射出大人的态度而已。

● 让宝宝多趴，并不意味着放任不管。在宝宝出生的头3个月，由于他刚从温暖的子宫来到这个世界，因此十分敏感和脆弱，这时宝宝还没有学会"自我安抚"，所以在帮助宝宝训练抬头时，大人需要随时陪在他身边，跟他说话，对他微笑。

大 J 特 别 提 醒

我曾经以为小D可能连抬头都做不到，但她现在竟然会走了。很多医生和护士都说小D是个奇迹。如果你问我秘诀在哪里，我会告诉你，就是对的方法加上信念和坚持！

06

如何帮助宝宝练习翻身

宝宝可以进行翻身训练的前提，是必须具备以下能力：

- 可以趴着抬头1分钟以上；
- 躺着时，可以用手够到脚；
- 趴着时，可以用一只手或双手去够前面的玩具。

如果宝宝还不能做到以上3点，就要退到前一步，先训练宝宝抬头。

侧身玩

小D在一开始是无法侧身躺着的，刚把她放成侧身的姿势，她很快就变成了仰卧。这时我会用自己的手或大腿支撑住她的背部，在她前面放一个她喜欢的玩具逗引她。慢慢地，小D就习惯了不需要我的支撑而侧着身玩耍。这时我就把玩具拿远一些，鼓励她伸手去够。需要注意的是，宝宝侧躺时背部和头部始终需要呈一条直线，既不前倾也不后仰。小D一开始够玩具时会习惯性地把头往后仰，我会把她纠正过来，让她继续训练，直到她能够很轻松地侧面躺着，双手自然向前拿玩具，身体呈一条直线为止。这个动作身体两边都需要练习。

跨越中线练习

宝宝翻身的前提是学会跨越中线。具体方法是让宝宝平躺，把一个玩具放在宝宝的正上方，当宝宝伸右手向上够的时候，慢慢把玩具向宝宝的左边移动，鼓励宝宝跨越身体中线去够玩具。

小D刚开始做这个动作时，向上伸手都很困难，因为她肌张力弱，躺着的时候地心引力会将她的手往下拽。这时我会帮她伸手，慢慢地等她可以自己抬手时，我就拉她一把，让她的手跨越中线，直到她自己可以非常流畅地完成跨越中线的动作。这个动作也需要两边都练习。

上肢、下肢分开运动

新生儿不知道自己的四肢是可以分开运动的，如果强行让一个新生儿翻身，他就会像一根笔直的木头一样翻过去。因此，需要训练宝宝有意识地将上肢和下肢分开进行运动。具体方法是让宝宝平躺在垫子上，让宝宝的上身尽量保持不动，大人抓住他的两只脚左右摆动。慢慢地，可以让宝宝的左手抓右脚向左摆，右手抓左脚向右摆，每次摆过去之后都可以停留几秒钟，好让宝宝体会这个位置的感觉，让肌肉留下记忆。

小D一开始只能用左手拉住左脚，右手拉住右脚。后来通过这个训练，她才慢慢有意识地进行左右摇摆。一旦摇摆起来，就很容易顺势翻过身去，这其实就是最初的翻身动作。

总　结

● **既是训练，又是游戏**。不要把玩和训练截然分开，要把这种训练融入日常的玩耍和游戏当中，让宝宝觉得这只是妈妈和自己玩的一个游戏而已。

● **要有足够的耐心**。好多妈妈刚训练一两天，觉得没效果，就开始着急。做一个不恰当的比喻，如果你家养过狗，你回想一下训练小狗坐下这个动作花了多少时间。大运动训练千万不能急躁，这是个量变到质变的过程。

● **多享受和宝宝在一起的时光**。小D刚出生的前几个月，我几乎没怎么享受过初为人母的喜悦，更多的是焦虑和担心。直到她开始叫"妈妈"，并且我走到哪儿她都会爬在后面跟着我时，我才忽然意识到孩子这么快就长大了，这才开始后悔当初没有多享受跟她在一起的时光，而是一味地担心她的健康。如果妈妈很享受跟宝宝在一起的感觉，宝宝是可以感受到的，这对于宝宝的身心发展都是非常有益的。

07

如何帮助宝宝练习爬行

前文提到过，爬行有很多好处。一定要鼓励宝宝多爬，不要急着训练宝宝走路。因为宝宝一旦会站，就不愿意爬了。如果宝宝错过了爬行阶段，已经会走了，大运动康复师建议在学龄前要有意识地让宝宝多练习攀爬来进行弥补。

训练宝宝爬行的大运动前提

对于宝宝的大运动训练，特别是早产宝宝或发展有延迟的宝宝，不要只关注月龄，而是要看宝宝上一阶段的运动能力是否已经训练扎实。就像大运动康复师所说的，大运动发展的过程就像建大楼，只有地基打结实，楼才能建得高、建得稳。

宝宝能够爬行的前提是可以很好地坐，什么是坐得好的标准呢？

- 可以独坐，不需要自己用手或靠父母支撑；
- 坐的时候背是挺直而不是弓着的；
- 当宝宝坐着失去平衡时，会伸手去支撑地面。

爬行之前的准备工作

小D的大运动康复师曾说过，很多宝宝之所以不会爬，其实不是大运动发展有问题，而是很多父母没有给他们提供合适的环境来练习爬行。

● 在地板上爬。宝宝一出生，就应该在地上放一块游戏垫，让宝宝在上面练习趴。等到练习爬行时，则需要在地板上进行练习。

● 心理准备。练习爬行时，宝宝难免会有磕碰的情况，这是成长的代价，父母不要因为过度保护而不敢放手让宝宝爬，这样会限制宝宝的正常发展。

● 不要急着训练站立。宝宝刚会爬行没多久，很多家长就急着训练宝宝站立。事实上，一旦宝宝学会站立，就不愿再爬了。因此，一定要让宝宝尽量多爬，等他爬的动作练扎实后，自然会进入站立和走路的阶段。

如何训练宝宝爬行

爬行是宝宝所有大运动中最复杂的过程。因为在爬行时，身体从上到下几乎所有的肌肉都需要被调动起来，同时还需要协调手和脚的动作。通过和大运动康复师一起训练小D爬行的经验，我总结出下面3个阶段。

▎第一阶段——锻炼肌肉力量▎

这个阶段是基础。如果你发现宝宝到后面两个阶段无法完成相应的动作，请回到第一阶段，把基础打好。

◆加强手臂力量

如果经常让宝宝练习趴，到后来他自己会用手把身体撑起来（就像大人做俯卧撑一样），这其实就是在锻炼手臂的力量。大多数宝宝的这个行为是自发的，但小D并没有，所以需要我们帮忙将她摆成这个姿势，一开始鼓励她保持这个姿势的时间尽量长一些，后来又鼓励她一只手撑着地面，另一只手去拿前面的玩具。

◆锻炼核心肌肉群

这里又提到了核心肌肉群，因为它是宝宝所有运动能力发展的基础，需要不断进行锻炼和强化。

◆增强骨盆力量

这对于大部分足月宝宝来说并不是问题，因为他们在妈妈子宫里的最后一两个月是盘着腿蜷缩着的，这个姿势本身就可以很好地训练骨盆的力量。但由于早产宝宝没有经历过这种拥挤的状态，所以他们习惯伸直腿，而不是蜷缩着腿。对于这类宝宝，平时要有意识地让他用手去够脚，并放到嘴巴里，换尿布时也可以帮助宝宝被动抬腿，这些都可以起到强化盆骨关节的作用。

第二阶段——稳定性训练，先习惯手膝撑地

帮助宝宝练习爬行时，需要逐步拆解，先追求动作稳定，再训练移动。不要直接让宝宝练习爬行，这样难度太大了。

◆维持手膝撑地的姿势

刚开始可以让宝宝做出手膝撑地的姿势，并维持一小会儿。小D一开始可以维持的时间非常短，要么手趴下，要么腿往后蹬。但没关系，每天少量多次地训练，慢慢地宝宝维持的时间就会越来越长，你明显可以感受到他更有劲儿了。如果这个姿势能够保持稳定，可以拿一个玩具放在与宝宝额头齐平的位置，让宝宝保持这个姿势的同时用一只手去够玩具，进一步加强难度。

◆手膝撑地，前后摇摆

保持住这个姿势后，可以让宝宝试着前后摇摆。一开始宝宝可能不明白怎么做，需要在大人的引导下尝试，让宝宝感受摇摆的过程，逐渐过渡到宝宝可以自发进行这个动作。摇摆是为了让宝宝学会有控制地转移重心。做到"有控制"很重要，只有这样才能让宝宝始终保持这个位置而不倒下。

◆手膝撑地，伸手够物

在宝宝前额齐平的位置放一个玩具，鼓励宝宝去够取。这时，注意让宝宝继续维持手膝撑地的状态，而且背部要保持水平。小D一开始够物时手很快就撑不住了，这说明她的肌肉力量还不够强，无法单手撑住地面，自然就

不可能一手一脚替换着向前爬行。

┃第三阶段——移动性训练┃

不要以为到了第三阶段宝宝就可以自由地爬行了，有些宝宝由于病理原因（比如肌张力低），有些宝宝由于心理原因（比如害怕），一开始还是需要大人帮助他们慢慢建立自信心，直到他们可以独立爬行为止。

◆学会从坐姿转移重心

当宝宝坐着时，可以在他侧面离他稍微远一点儿的地方放一个玩具，鼓励宝宝自己去够取。这时，宝宝需要一只手撑地，同时伸展背部去够玩具。通过这样的练习，宝宝才能学会从坐到爬、从爬到坐的自由切换。

◆用毛巾做辅助

宝宝刚开始手膝爬的时候，常常会因为核心力量不够强而肚子着地。这时，可以用一条毛巾作为辅助，让宝宝适应爬行的姿势和手脚并用的协调能力。具体方法如下：

● 让宝宝俯卧在地上，在他的胸部放一条毛巾，拉起毛巾的两端慢慢将宝宝拉起来，变成手膝爬的姿势。注意，毛巾一定要放在宝宝胸部，而不是肚子上。

● 将宝宝拉起来后，让宝宝慢慢适应手膝爬的姿势，要注意保持他的头是抬起并且处在中央的。这时如果你摸宝宝的手臂，可以感受到他的手臂在用力支撑着身体的重量。

● 将一边的毛巾往前拉，另一边的毛巾往后拉，让宝宝体会爬的过程。

用毛巾辅助宝宝爬行

◆大人用手做辅助

由于小D之前一直习惯腹部爬行，所以她每次手膝爬时仍习惯于向后蹬腿，结果就很容易倒下。对于这种情况，大人可以用手扶着宝宝的腿来进行练习。

● 先让宝宝处于手膝着地的姿势；

● 大人把手放在宝宝的大腿两侧，刚开始需要用手一左一右给宝宝一点儿提示，这样他才能自己往前爬；

● 等宝宝慢慢熟悉了这个过程，就不需要大人再提示了。但有些宝宝还是需要大人用手扶着腿，以防止他因为没有协调好而把腿向外蹬。

大J特别提醒

需要强调的是，肌张力异常的宝宝，一定要去专业的机构进行有针对性的康复训练，仅仅在家训练是不够的。以上的方法适合那些肌张力没问题，但发展有些延迟或已经进行系统康复的宝宝，这些可以作为一种辅助的训练方法。

08

到底什么是肌张力异常

从小D出生到现在，我们每天都在和肌张力异常做斗争。可是，我一直没有勇气写这个话题，因为这个问题真的很难说清楚。小D的大运动康复师是纽约最资深的专家之一，我每次问她肌张力到底是什么，她都会说："这真的是一个很抽象的概念，我的好多医学硕士生学了几个学期都无法说清楚这个概念。"

我之所以决定写这个话题，是因为我发现国内很多人对肌张力有一些曲解。我接下来分享的不是学术讨论，所以难免有不严谨的地方。我只是想用通俗的语言和大家分享一些个人心得，希望大家对肌张力能有更清晰的认识。

肌张力和肌肉力量有区别吗

肌张力（muscle tone）和肌肉力量（muscle strength），这两个概念一直被很多人混淆。为了说清楚它们之间的区别，我来打个比方。肌张力就像拉力器的弹簧，它是肌肉休息时候的状态。肌张力低就像弹簧很松时的状态，肌张力高就像弹簧绷得很紧时的状态。紧的弹簧不容易被拉动；松的弹簧虽然容易被拉动，但它的反应速度会比较慢。肌肉力量就是我们双手拉拉力器时的力量。

肌张力是天生的，由大脑控制，无法改变。如果宝宝出生时有脑损伤，特别是有三、四级脑出血，通常导致肌张力异常的概率就非常高。肌张力还受情绪和环境的影响。人在情绪激动和环境吵闹等情况下，容易出现肌张力高。肌肉力量则是通过后天锻炼形成的。我们通常会说"这个人力气大"，其实指的就是肌肉力量。

了解这两个概念之后，我们再来看一些比较常见的误区。

关于肌张力常见的误区

▌误区1：肌张力高的宝宝，应该多按摩和放松，少锻炼▐

之所以存在这样的误区，是因为混淆了肌张力和肌肉力量的概念。回到拉力器的比方，肌张力高就像阻力比较大的弹簧，而弹簧的阻力大是无法改变的。我们能做的只是锻炼自己双臂的力量，让外力强大到可以让阻力比较大的弹簧拉伸。所以，肌张力高是需要通过锻炼来进行康复的，只有肌肉力量强大了，肌张力才能被有效控制。

▌误区2：既然肌张力无法改变，那么其实康复是无效的▐

很多肌张力异常宝宝的妈妈常常过于关注肌张力。有的妈妈自己查了相关的资料，了解到肌张力无法改变后就变得非常绝望。其实她们忘记了最关键的一点，即康复的目的不是为了改变肌张力，而是让宝宝掌握最基本的运动能力。如果理解了拉力器的比方，我们就应该明白，虽然肌张力无法改变，但通过康复可以锻炼肌肉力量，当肌肉力量足够强时就可以控制肌张力，从而帮助肌张力异常的宝宝更好地掌握运动技能。

▌误区3：我的宝宝软绵绵的，说明肌张力低；我的宝宝总是绷直腿，说明肌张力高▐

如今，肌张力这个词被越来越多的父母所知道，一些网站上流传着一套自测宝宝肌张力是否异常的方法，以及肌张力异常宝宝的一些表现。于是，很多父母自己在家对照这些方法和表现来检查宝宝的情况。事实上，肌张力异常最直观的表现就是运动发展延迟或动作异常，而不是通过宝宝身体的软硬度来判断是否存在肌张力异常。如果因为宝宝运动发展有延迟而怀疑肌张力异常，一定要去专业的机构进行评估，不要自行对照网上的标准来判断。判定肌张力是否异常，需要专业人士进行临床检查来诊断。所谓肌张力异常，包括肌张力高、肌张力低以及混合型肌张力异常。小D就是混合型肌张力异常，她是四肢肌张力偏高，而躯干和头部肌张力偏低。对于不同类型的肌张力异常问题，康复的内容和针对性也是不同的。

误区4：如果宝宝肌张力异常，在家多做被动操就可以康复

如果宝宝存在肌张力异常，光靠在家做抚触和被动操是远远不够的，一定要去专业的康复中心进行康复训练。那么，康复时到底做哪些训练呢？小D在美国的大运动康复其实就是锻炼的过程，通过锻炼提高肌肉力量，没有按摩、打针、输液。美国的康复理念是，要想提高肌肉力量，一定要通过主动的运动锻炼来完成，而按摩、被动操等都是被动的，效果非常有限。

家庭训练和专业康复训练是相辅相成的，之前介绍的训练方法可以看作专业康复的"简化版"，平时进行家庭训练可以很好地巩固康复的效果，也可以让宝宝不那么排斥康复训练。

误区5：我家宝宝虽然不会坐和爬，但是站得笔直，说明他没问题

肌张力高有时候具有很强的迷惑性。比如，当宝宝还不能独坐的时候，突然发现他可以站了，而且站得笔直，一点儿都不晃。很多妈妈就放弃坐和爬的训练，直接鼓励宝宝站甚至走。殊不知，这种笔直的站法，说明宝宝不是主动用肌肉在站立，而是利用高肌张力在被动地站立。检验宝宝是不是利用肌张力高站立的最好方法，是当宝宝站立时，用手去碰他的膝盖。正常情况下，膝盖是可以弯曲的，但如果是利用肌张力高在站立，整个膝盖就是僵硬的。如果这时还鼓励宝宝站立，不但没有帮助，反而会伤害宝宝。对于肌

张力异常的宝宝，一定要注意观察他的大运动姿势是否正确，以防进一步加重肌张力异常的表现。

大J特别提醒

在小D康复的过程中，我曾对小D有过误解，觉得她很懒，只要有东西靠着，她就会瘫下来。后来我才明白，这是肌张力在作祟。肌张力是宝宝不能抗拒的，所以其他宝宝很容易完成的动作，肌张力异常的宝宝却很难做到。很多妈妈也会像我一样，因此给宝宝贴上标签，觉得宝宝"太懒""调皮"等。其实这时候不但你觉得沮丧，宝宝自己也会懊恼，所以我们一定要冷静下来，给自己打气，给宝宝鼓励。康复训练不会很快见效，但千万不要放弃，从量变到质变的转变是需要很长时间的。

当我看到小D第一次发抖地被拉坐起来，第一次连踢带蹬地进行手膝爬，第一次用两个手指僵硬地捏起小饼干放到嘴里，在那一个个瞬间，我明白之前所有的努力都没有白费。

09

手巧才能心灵——精细动作发展的重要性

"三抬四翻六坐九爬"，从宝宝一出生开始，妈妈们就会听到这样的说法，这是大运动发展的一般规律。小区遛娃的阿姨、奶奶们聚在一块儿，也总是讨论抬头、翻身、独坐、爬行等大运动发展，而宝宝的精细动作却常常被忽略掉。

所谓精细动作就是指手的抓握等操作能力和手眼协调的能力。精细动作发展与宝宝的智力发育密切相关。所谓的"心灵手巧"，就是这个意思。宝宝出生的第一年，是精细动作发展很关键的一年。

0~3个月

新生宝宝都有抓握反射，即当我们把一个手指放在宝宝的掌心时，宝宝会自动握住手指。这是宝宝无意识的行为。大多数时候，宝宝都会握着拳，大拇指内扣。精细动作发展的第一步就是让宝宝的手掌打开，拇指不内扣。

按摩

我每天给小D做抚触时，会顺带按摩一下她的手指和手掌，具体方法是用自己的大拇指轻轻地按摩她的5根手指，从手指根部按摩到指尖。这样的按摩能让宝宝的手指更敏感，从而促进今后的精细动作发展。此外，我每天会和她握手很多次，这个看似非常简单的动作，却能让小D的手掌打开，拇指不内扣。

玩具

摇铃和握球很适合这个阶段的宝宝玩，通过这两种玩具可以引导宝宝打开手掌。手掌打开是任何精细动作的前提，如果宝宝的手掌不能放松，总是握着拳头，一切抓握及其他精细动作都免谈。

4~6个月

这个阶段是宝宝精细动作发展的关键时期。通常宝宝从第四个月开始，会有意识地去够取自己喜欢的玩具，抓住后会放进嘴里。再往后，他开始对自己的手脚感兴趣，会用手去抓脚，会把玩具从一只手传递到另一只手。

玩耍时多转换姿势

小D还不会坐的时候，我就经常让她以侧卧、仰卧、俯卧等各种姿势玩耍。这些不同的姿势会促使她调整够玩具和玩玩具的方法，这样精细动作就会得到进一步的锻炼。需要提醒的是，早产宝宝通常比足月宝宝动得少，所以当早产宝宝还不能自己坐和爬时，需要经常帮他调整姿势，不要让他长时间保持一个姿势不动。

玩具

积木是这个年龄段的宝宝很好的玩具。我买了3种不同大小、不同材质的积木给小D玩，这样既可以让她锻炼手指去适应大小不同的玩具，又能让她的双手感受不同的材质。为什么要买不同材质的积木呢？因为人的手掌上分布着非常丰富的神经元，通过触摸不同的材质，能够让宝宝的手掌变得更加敏感，从而促进精细动作的发展。

在这个时期，小D有时候抓握时还是会出现大拇指内扣的现象。我一旦发现就及时纠正，让她重新抓。她在这个时期出现这样的问题，更多的只是习惯问题，我要做的就把这种坏习惯扼杀在摇篮中。

7~9个月

这个时期的宝宝已经能够很熟练地拿着玩具敲打、摇晃或乱扔了。这个时期最大的挑战就是如何让宝宝慢慢学会自己喂自己。这并不是说一定要实现宝宝1岁就能独自吃饭的目标，但家长要有这样的意识，因为食物是训练宝宝精细动作最好的玩具。

▌弄脏是好事▐

喂小D吃辅食时，她经常用手抓辅食，这时我会停下来告诉她，我们吃的是三文鱼泥，你摸摸它里面是不是有颗粒；天气暖和时，我会带她去公园玩，让她摸沙子、摸草。从大人的视角来看，这样会比较脏，但从宝宝的视角来看，这正是他们探索和感知这个世界的方式。鼓励宝宝多用手探索事物，不仅能很好地促进精细动作的发展，还能促进认知能力的发展。

▌放手让宝宝自己尝试吃辅食▐

小D从7个半月开始，就不再满足于我喂她吃辅食，总是想伸手抓勺子。这时，我就手把手教她如何喂自己吃。此外，我每天都会准备一些手指食物让她自己拿着吃。我一开始准备的手指食物是大块、长条形的，比如长方形的磨牙饼干；当她可以准确地拿起磨牙饼干自己吃完时，我就把饼干的形状变窄、变短；这样也难不倒她之后，我就换成星星形状的小泡芙。之前的饼干训练的是大拇指和其他4个手指的抓握能力，而小泡芙是需要用大拇指和食指来抓握的。虽然大部分宝宝都是在10个月以后学会掌握这个技能的，但小D9个月时就可以自己吃泡芙了。相对于她的大运动发展速度而言，她的精细动作发展速度是非常快的。

放手让宝宝自己吃辅食，最关键的是妈妈要有耐心，不要怕脏，也不要怕浪费食物。同时，还要适当地帮助宝宝，以免宝宝因为受挫而放弃自己尝试。小D一开始吃不到时会很着急，我总是在她快要放弃的时候喂她一口，"引诱"她继续努力。

10~12个月

在这之前，宝宝的手是一个整体，要么打开，要么握拳，而到了这个时期，宝宝能够单独活动每一根手指了。比如，会用大拇指和食指拿东西，会用手指向他想要的玩具，也会跟着音乐拍手和挥手了。

▌戳洞游戏▐

戳洞游戏能很好地锻炼宝宝的每根手指，让他意识到原来每个手指都是可以独立活动的。大人可以准备一些可食用的橡皮泥，教宝宝一个手指一个手指地戳洞。

▌指套游戏▐

这个时期的宝宝已经可以听懂大人的很多话了，可以给宝宝的每个手指套上不同颜色的指套玩偶，然后给各个玩偶命名，让每个玩偶讲故事或唱歌，这样宝宝就可以活动不同的手指。

总　结

● 每个宝宝都有自己内在的发展规律，以上所说的只是大部分宝宝的发展规律，仅供父母作为参考。由于早产宝宝的发展普遍落后一些，因此早产宝宝的家长从战略上要保持一颗平常心，在战术上要有意识地多让宝宝训练，只要工夫下够，宝宝一定会给你带来惊喜。

● 大运动是一切精细动作发展的基础，撇开大运动来谈精细动作是不切实际的。所以，如果你发现自己的宝宝精细动作有些落后，首先要检查大运动发展是不是正常，大运动和精细动作要同时抓。

Part 8

早产宝宝
护理篇

——致早来的天使，相信奇迹会发生

01

美国NICU医生送给早产儿妈妈的3句话

上周末，我们再次带着小D回到NICU去看望那里的医生和护士。带着小D回"家"看看，几乎成为我们在纽约每到节假日的活动。是的，我们称NICU是小D的第一个"家"，她在那里生活了整整115天，所有的医生和护士都认识这个坚强的小姑娘。每次回去，我都感觉像见到家人般亲切。在那段日子里，我们每天经历着过山车般的情绪波动，包括焦虑、不安、无助，以及对未来的不确定。那时，好多医生和护士不断地鼓励我们，现在回想起来，正是他们的鼓励支撑着我们走过了最黑暗的115天。

Never trust preemies（不要相信早产宝宝）

一开始医生跟我说这句话的时候，我完全不理解是什么意思。后来才明白，原来这句话的意思是说早产宝宝的情况是很难预测的，他们永远不会按照既定的计划来执行。

比如，每天早晨，医生和护士会到小D的床边会诊，讨论之后24小时的计划和主要治疗目标。似乎小D每次都在很认真地听，但每次都不按常规出牌。从趋势上看，明明情况在慢慢变好，医生刚刚调低咖啡因的用量，小D却突然毫无征兆地呼吸暂停次数猛增，医生只好又把咖啡因的量调回去。到后来，凡是有重大的决定，比如要撤呼吸机等，医生就会把我们叫到病房外和我们讨论，生怕被小D听到。

不过，不按常理出牌的小D也会给我们很多惊喜。比如小D戴呼吸机80多天，一直没有办法脱氧，我们甚至做好了带氧回家的准备。但是有一天，小D自己不小心把呼吸机弄掉了。护士说等等看情况如何，结果她完全可以自己呼吸了。医生也只能摇头表示无奈地接受她的变化。

重新解读这句话：早产宝宝既然选择来到这个世界上，他们就注定是我们的孩子。只不过他们有自己的计划，我们能做的就是放宽心去接受他们。

Preemies always take 3 steps forward， and 1 step back（早产宝宝总是往前进3步，往后退一步）

这是我们在NICU听到最多的一句话。这种说法听起来很打击人，好像总在原地踏步，稍微看到点儿成果，却又开始倒退。

小D使用呼吸机的过程就是个再好不过的例子。她把所有类型的呼吸机来来回回用了好几轮。我们的心情也如坐过山车一样，不断地上下起伏。

其实早产宝宝在NICU的时候就是这样。他们是提前来到这个世界的，是外界的手段迫使他们提前开始适应这个世界。所以，他们的身体需要一点儿时间来适应、调整和纠错。

重新解读这句话：不要只盯着宝宝反复或倒退的地方，时常提醒自己回头看看。这时你会发现，原来和起点相比，宝宝已经走出了很远。

Live for now， focus on today（只看当下，只关注今天的事情）

每天在NICU，你会被告知太多的坏消息。医生会跟你解释这个消息的医学定义是什么，未来可能带来的影响是什么。似乎每天你都觉得未来像被一层又一层的黑纱笼罩着，你根本不知道后面是什么。

小D在NICU的日子就是这样的。她脑部有最高级别的出血；白细胞数量下降，可能是受到了感染；呼吸机内有血，可能是因为动脉导管未闭合造成的；左右眼都有早产宝宝视网膜病变，需要继续复查；肚子胀气，是肠胃穿孔，需要手术……我们几乎每天都跟医生进行着这样的对话，每次我的大脑总是先停顿一下，然后开始快速思考这意味着什么，意味着小D以后不能行走了吗？她还能看到东西吗？抗生素会不会让她的体质变得特别脆弱？手术后的疤痕会有多大？呼吸机插管会不会影响以后的喂养？

后来我们才慢慢明白，与其花时间去猜测未来的不确定性，不如盯着今天看。看她今天的呼吸暂停次数比昨天少了几次；今天第一次靠胃管喝下了1毫升母乳；今天的手术很成功；今天好像睁眼看到我们了；现在睡得像天使一样安静……这些才给了我们继续走下去的力量。

重新解读这句话：我们又成功地度过了一天，宝宝又进步了一点点，让我们庆祝今天的小胜利，一起去迎接明天的挑战！

大 J 特 别 提 醒

这3句话，乍一听真的让人很不舒服，甚至有点儿不近人情，但这也正是我们把NICU的医生和护士当作家人的原因。只有家人才会这么直接地和我们说话，但是每一句话都发自肺腑，都是为了我们好。

请那些宝宝还在NICU奋斗的父母要相信自己的宝宝，为了能够活下去，他每天都在努力。而你们也要调整好心态，随时做好迎接小宝宝回家的准备。

02

美国医生谈早产儿妈妈最不愿提的脑瘫

在所有早产儿妈妈的群里，"脑瘫"都是一个被自动屏蔽的词语，因为它太过于沉重，太过于让人恐惧。大家都非常默契地不提起，仿佛不提，它就不存在。我和老公好长一段时间都读不了这个词的英文发音，因为我们也选择性地回避它。我之所以有勇气把它写出来，是希望大家可以正视这个问题，以便更加积极地对宝宝进行早期干预。

小D出生后第二周的一个早晨，我们像平时一样去了医院。一进小D的房间，我们就发现气氛不对，好多医生和护士都围在小D的床边。那天，医生告诉我们一个最坏的消息：第一次脑部超声波显示，小D的左右脑都有最高级别的出血。也是在那天，医生问我们是否要放弃治疗。那天我和老公不知道是怎么度过的，我只记得，医生想在电脑上打开小D的超声波报告给我们看时，老公说："让我们坐下来慢慢看，好吗？"因为他当时双脚发软，几乎站不住。

我们还是非常幸运的，小D出生在纽约最好的NICU，我们在那里认识了很多顶尖的儿科医生、儿童脑外科医生、儿童神经科医生和康复师。我向他们请教了很多关于脑瘫的知识，正是他们给了我最大的勇气和希望。而且和医生聊得越多，我越是发现，很多网上和民间流传的关于脑瘫的认识是存在误区的。在这篇文章中，我想从一个"脑瘫高危儿"妈妈的角度来谈谈我对脑瘫的理解。

误区1：脑瘫等同于弱智

提到脑瘫，相信很多人和我一开始的观念一样，认为脑瘫就意味着智力低下。其实这是个很大的误区，大部分脑瘫的人只是运动受限。这个概念的划分对于婴儿是至关重要的。小宝宝刚出生的头一两年，很难判断其智力是否正常，这就导致很多父母错过了治疗脑瘫的最佳时期。

最严重的脑瘫的确会导致残疾或弱智，包括不能说话和吃饭。而轻度脑瘫的人，看上去几乎和普通人一样，只不过他们无法完成很多事情，比如不能拿起一个非常重的水壶，不能自己梳头发等。所以，大家不要狭隘地认为，"脑瘫"就是智力方面有问题，"脑瘫"也可能体现在其他方面。

误区2：核磁共振显示脑部出血、脑部有软化灶、脑部蛋白质损失等，通过这些指标可以确诊宝宝是"脑瘫"

小D第一次核磁共振结果出来后，我问纽约最权威的儿童精神科主任（即小D的NICU主任）和小D的脑外科医生：这说明小D是脑瘫吗？他们都说，任何造影诊断（包括超声波、CT和核磁共振）都不能确诊脑瘫。因为任何造影看到的都是脑部某个时间点的截图，它告诉我们哪里存在脑部损伤，但无法预测这个损伤是否会导致脑部发育不良，甚至最终变成脑瘫。脑瘫是需要通过长期的临床表现来确诊的。所谓的临床表现，就是指宝宝的五大发育指标——大运动、精细动作、语言能力、社交能力和认知能力。

误区3：宝宝刚出生时就可以确诊脑瘫

听很多国内的早产儿妈妈说，好多脑部出血的宝宝，刚一出生就被扣上了"脑瘫"的帽子。为此我特地去咨询小D的医生：我家宝宝是脑瘫吗？什么时候可以确诊? 小D的医生非常严肃地告诉我, 所谓脑瘫是指宝宝的部分或所有发展指标都停滞不前。事实上, 人的大脑是非常神奇的器官, 尤其是宝宝的大脑。出生后的第一年是宝宝的大脑高速发展的时期, 如果给予正确的刺激和引导, 宝宝的大脑是有修复代偿功能的。好多医生都跟我们讲过一个故事: 美国有个宝宝出生时由于先天基因缺陷, 没有左脑, 但她后来一切正常。医生对她的脑部进行了研究, 发现她的右脑把左脑应该负责的职能都掌握了。

脑瘫至少在宝宝两三岁以后才能确诊, 有的宝宝1岁后会出现一些脑瘫的症状。我们只能说, 出生时有脑部出血的宝宝存在脑瘫的风险比较高, 出血级别越高, 风险就越大。美国对此有非常清晰的概念划分, 称这类宝宝是"高危儿", 不是"脑瘫儿"。

误区4: 高压氧舱、打针、吃保健品等, 可以帮助修复脑部功能

如果宝宝在两三岁时被确诊为脑瘫, 目前的医疗水平是无法根治的, 只有一些辅助手段来减轻脑瘫带来的痛苦。比如, 通过电疗来放松紧张的肌肉, 针对某些肌肉进行注射等。

不过, 已经有越来越多的调查研究发现, 对于"高危儿"群体, 早期干预, 特别是尽早开始运动康复, 对于脑部损伤有修复的功能。美国曾跟踪出生时有脑部损伤的宝宝进行调查, 发现早期注重康复的"高危儿", 后来变成"脑瘫儿"的比例显著降低。

据我所知, 国内有高压氧舱、打针等方法来治疗脑瘫的宝宝。我在小D出生第一个月时听说了这些方法, 以为找到了希望, 还疑惑为什么这边的医生没跟我们提过这些方法。我特地上网查资料, 把打针的名称翻译成英文去询问各个专家。可是, 在美国我们得到的答案是, 没有任何医学研究发现高压氧舱、打针可以修复脑损伤。

目前经医学研究发现并证实的唯一可以帮助脑部修复的方法, 就是早期

的康复训练。康复和大脑修护是相辅相成的，康复给了大脑良性的刺激，以促进大脑加速修护；大脑在慢慢修护的过程中反过来也会加速康复的效果。而且这种康复越早开始越好，从预产期开始的前6个月是脑部修护的黄金期。我听说一些曾有脑部出血的宝宝的父母，没有为宝宝做任何评估和康复，宝宝到了四五个月还不能抬头，妈妈只是在妈妈群里问宝宝是否有问题、该吃什么药等。对此我感到很心痛，我想用自己的经历告诉这些妈妈，与其担心犹豫，不如行动起来。有过脑部出血的早产宝宝，过了预产期后就应该尽早去找专门机构做评估和康复，化被动为主动。如果真的错过了前6个月的黄金期，现在开始也不晚，早做比晚做好，晚做比不做好。

当然，康复的效果并不是立竿见影的，有时小D一两个月都没什么进步，我们也会有丧气的时候。但如今回头看，小D比以前进步太多了。也许你会说，说不定不做康复小D也会好。但我不想赌，与其去赌一种可能性，我更愿意现在用尽全力，以免将来后悔。

大J特别提醒

我特别想跟所有和我们有相同情况的妈妈们说，当医生说宝宝有脑出血时，请不要在耳边响起绝望的哀乐，相反，请吹起冲锋的号角。战斗的时刻到了，主动迎战总比缴械投降好，"脑瘫"并不是禁忌词。要知道，你们不是一个人在战斗，至少"大J小D"和你们在一起！

03

为什么要使用矫正月龄

如何计算矫正月龄

所谓矫正月龄，是指宝宝从预产期开始算起的月龄。计算矫正月龄最简单的方法，就是拿宝宝的实际月龄减去他提前出生的时间。比如，小D实际月龄20个月，由于她提前3个月出生，所以矫正月龄是17个月。

宝宝在妈妈子宫里的发育是按部就班的，即使宝宝提前出生，也无法加快其发育的速度。因此，需要给宝宝追赶发育的时间，让他的发育慢慢赶上来，这正是矫正月龄的作用。

什么情况下需要使用矫正月龄

衡量宝宝的发展情况

在美国，在早产宝宝的前3年，医生都会用矫正月龄来评估宝宝的发展。发展的里程碑包括五大指标：大运动、精细动作、语言能力、社交能力和认知能力。对于这五大指标的评估，都需要根据矫正月龄来进行。

小D实际月龄6个月左右能笑出声，如果按照矫正月龄计算，那时她才矫正3个多月，从社交能力和语言发展的里程碑来看，这一项完全达标，甚至还有一点儿超前。所以，早产宝宝一定要用矫正月龄来评估其发展的里程碑，这样家长就可以免去不必要的焦虑。

衡量体重、身长和头围

在早产宝宝出生的头一年，医生会先用矫正月龄衡量宝宝的体重、身长和头围。1年以后，就开始用实际月龄来衡量这些指标。

添加辅食时作为参考

辅食添加也要参考矫正月龄。为什么说是"参考"呢？因为是否进行辅食添加，更重要的是看宝宝是否满足添加辅食的几个条件：

● 有较好的头部控制能力，可以稳定地把头保持在正中央，或者转头表示不再吃；

● 在大人的支撑下可以坐稳；

● 推舌反应逐渐消失；

● 对大人的食物开始感兴趣。

每个宝宝满足以上4个条件的时间并不一定，早产宝宝可能会更晚一些。宝宝在4～8个月添加辅食都是合理的。所以，妈妈们千万不要在宝宝还没准备好时就急着添加辅食，否则宝宝吃得不愉快，妈妈也糟心。

什么情况下需要使用实际月龄

● 在美国，宝宝注射疫苗时都是看实际月龄；

● 在宝宝3岁以后，就没有"矫正月龄"的说法了，会一直使用实际月龄。

说了这么多早产宝宝的月龄问题，我还有一个非常尴尬的问题，就是出去时总有人问小D多大了，我每次回答时总是要犹豫一下，不知道该怎么回答。说实际月龄吧，她怎么看都比实际月龄小；说矫正月龄吧，我又不想和一个陌生人说那么多故事。所以，我每次都要犹豫，以至于对方会觉得很奇怪：为什么一个当妈的连宝宝多大都需要想半天。

如今，我已经不再犹豫和尴尬了，我会根据对方问问题的意图以及我是否愿意分享小D早产的故事来回答。比如，去看医生时，我一定会说清楚小D的矫正月龄和实际月龄。但如果遇到不是很熟的人，比如电梯里的邻居、路上的行人等，我就会说她的矫正月龄。

　　现在回头想想，我那时之所以对小D年龄的提问犹豫，说明自己还没有准备好面对早产这件事。如今，当我真的能坦然正视早产的问题时，反而会特别骄傲地跟小D说："你知道吗？你一年有两个生日，这是上天给你们这群了不起的小斗士们的奖励呢！"

04

宝宝在NICU的日子，不是所有的"问题"都是问题

"我家宝宝现在还在暖箱，什么时候可以出来啊？"

"我家宝宝上周已经撤下呼吸机，今天又用上了，担心死了！"

"我家宝宝到现在还是胃管喂养，什么时候可以自己吃奶啊？"

"医生说要给我家宝宝用抗生素，可是抗生素对宝宝不好吧？"

……

这些问题都是早产儿妈妈群里经常谈论的话题，为此妈妈们每天都有各种担心和焦虑。但事实上，并不是所有看上去的"问题"都是问题，有些是不需过分担忧的。

小D出生的当天下午，我还在术后观察室，小D的NICU医生过来说："宝宝在你肚子里跟病毒战斗了好久，所以她病得很厉害。We are not worried about immaturity, but we are worried sickness.（我们并不担心她发育不成熟，而是担心她的疾病。）" 并且暗示我们，如果可以的话，应该尽早去看看她，因为这可能是最后一面了。

就是在那时，我第一次接触到"未发育成熟"（immature）和"生病"（sickness）这两个概念。大部分早产儿父母都会混淆这两个概念，有些医生也不跟父母们说清这两者之间的区别。有一部分早产宝宝非常健康，只是"未发育成熟"。他们和足月宝宝唯一的区别就是他们是在子宫外继续发育的。但也有很多早产宝宝（尤其是小月龄早产宝宝）出生时是"生病"的，或者他们在住院期间得病了。在小D出生的医院里，有一个宝宝出生时只有

24周，如果他出生时以及住院期间没有病症的话，存活率在90%以上；但是如果出现病症的话，存活率会显著降低。

为什么区分清楚这两个概念如此重要呢？因为如果宝宝是"未发育成熟"，那就只是时间的问题，只需要给宝宝提供和子宫内相似的生存支持，等待宝宝慢慢发育即可；但如果早产宝宝"生病"了，那么他未来的情况就很难预测，发育也更加缓慢，除了要为他提供生存支持外，还需要进行医学干预。

记得小D住院期间，她的每个问题我们都很担心。现在回想起来，"生病"的问题确实是需要担心的，而"未发育成熟"的问题则是不需要过于担心的。

哪些问题属于"未发育成熟"

▌打点滴（脱水）▐

早产宝宝，特别是小月龄早产宝宝的肌肤非常薄，无法很好地储存水分，所以很容易脱水。小D刚出生时的肌肤薄到都能看到下面的血管。当时护士鼓励我们尽早帮宝宝进行换尿布等日常护理，我们有大概一个月都不敢做，害怕一碰就会弄破她的肌肤。小D一出生就有一个打点滴的管子连在她的脐带上，为她补充营养和水分，以防止脱水。不过好消息是，皮肤是所有器官中成熟最快的，一般3～4周就不会再出现脱水的问题了。

▌住暖箱（无法保持体温）▐

早产宝宝的身体脂肪很少，再加上他们的大脑还没发育到足以调节体温的程度，所以很多宝宝都需要放在暖箱里直到34周以后。记得小D离开暖箱那一天，所有医生和护士都来祝贺我们，说小D"升职了"（promoted）。

呼吸暂停

这估计是早产妈妈聊得最多的问题之一。早产宝宝的呼吸节奏和足月宝宝不同，他们的呼吸没有规律，时不时还会暂停一下。当停止呼吸超过20秒以上，医学上就称之为呼吸暂停。宝宝的肺部需要在36周左右才发育成熟，很多早产宝宝出生时肺部还没有打开，自然就会出现呼吸暂停的现象。医生通常会给宝宝使用咖啡因，提醒他们呼吸，必要时还会使用呼吸机。但这和生病时出现的呼吸暂停是不同的，这种呼吸暂停在36周前后基本上就会消失。

无法喂食

尽管喝奶看上去很简单，但其实宝宝的胃肠道消化系统是很复杂的。早于30周出生的宝宝，其肠胃无法消化食物，所以他们只能通过打点滴得到营养。30周以后，尽管宝宝的消化系统逐渐成熟，但他们还是无法直接吃母乳或者用奶瓶喝奶，因为他们还没形成吞咽反射。这时候，需要用一个非常细的胃管把奶输送进去。

以上这些是早产宝宝"发育未成熟"的典型例子。对于这类问题，早产宝宝的妈妈们不必过于担心，时间是最好的治愈良药。当然，有些问题会对今后的生活产生一些影响，比如宝宝因为错过学习吮吸的机会，可能会导致今后喂养敏感，但这些问题都是可以解决的。

哪些情况是"生病"

使用呼吸机（肺部疾病）

这是早产宝宝很普遍的一种疾病。由于早产宝宝因发育未成熟导致呼吸暂停，大部分早产宝宝一出生都需要使用一段时间呼吸机。但如果肺部始终没有打开，就属于肺部疾病，而不是简单的发育不成熟问题。这种情况下，使用呼吸机的时间就会比较长。而长期的呼吸机支持会提高宝宝肺部感染的概率，从而进一步恶化肺部疾病。小D一出生就有呼吸窘迫，过了36周还是无法脱氧，她的情况就是有肺部疾病。在住院期间，她曾使用过4种不同类型的呼吸机。

▍打抗生素▍

感染是导致早产比较普遍的原因。小D就是因为感染而早产的。宝宝大部分的感染都来自母体，是妈妈传染给宝宝的。由于宝宝的免疫系统还不完善，即使一点点感染，对于宝宝来说都可能是致命的。通常早产宝宝出生后，医生都会做胎盘测试，通过血液培养和胸透来判断宝宝是否受到感染。那时，小D的血液培养要一两周后才能出结果，但她的所有临床迹象都显示她受到了感染，所以她一出生医生就使用了抗生素。

▍脑出血▍

脑出血一般出现在宝宝出生后一周，尤其容易发生在需要呼吸机支持的小月龄宝宝身上。对于比较轻的脑部出血，医生不会太担心；但如果出血面积比较大（通常是三级和四级出血），医生会对这类宝宝格外留心。因为这可能会导致一些并发症，宝宝的康复过程也会更慢。小D是出生一周后发现左右脑分别有四级出血的，这导致她在NICU待了一百多天，其间还出现各种反复的情况。这也是后来小D需要频繁康复的原因。

当然，"未发育成熟"和"生病"并不是孤立存在的，有时会互相转换，或同时存在。以使用呼吸机为例，可能宝宝一开始只是因为肺部"未发育成熟"而需要呼吸机支持，但长期的呼吸机支持又导致肺部感染，从而变成肺部疾病，也就是生病了。这类问题在NICU护理中很普遍。

我想和那些宝宝正在NICU的早产儿父母说，我知道你们每天都很想知道宝宝在NICU的样子；我也知道你们每天都要面对各种陌生又复杂的医学名词；我还知道因为未来的不确定性，你们会害怕、会担忧。这些我都经历过。如果这个专题能够给你们多一些希望，多一份力量，哪怕只是一点点，我的目的就达到了。要知道，宝宝们每时每刻都在努力奋斗，期盼早日与你们团聚，就像小D当初那样。

大 J 特 别 提 醒

　　如果宝宝出现了生病的问题，妈妈们就需要认真对待，并且积极配合医生进行治疗。我听说过有些妈妈反对使用抗生素，认为抗生素对孩子以后的免疫系统不好。这就相当于明知道宝宝病得很重，却放弃了治疗。请记住，宝宝在NICU时，活下来是首要的问题，其他问题都是次要的，都要靠边站。

05

早产宝宝出院后注意事项

小D在NICU的最后一段日子，我几乎隔一天就问一次NICU主任：她什么时候可以出院？后来，终于确定小D一周以后可以出院了，我和老公却感觉有点儿措手不及：家里是不是要像医院那样保持无菌的状态？医院一年四季都开空调，家里是不是也要这样？没有了医生和护士，我们可以照顾好她吗？这篇文章就专门聊一聊早产宝宝出院后的注意事项，以减缓早产儿家长们的焦虑情绪。

离开医院前的准备工作

▌问清用药的方法▐

如果你的宝宝出院后需要吃药，请一定问清楚医生什么时候吃、每次吃多少。不要小看这一点，好多早产宝宝在医院习惯了护士的喂养方法，回家后就会感到不习惯。

▌一定要拿到出院小结▐

我建议家长把出院小结通读一遍，如果有问题，要当面向医生问清楚。然后，把这份小结复印若干份，在尿布袋和家里显眼处各放一份。毕竟父母不是专业医生，而且好多之前的问题可能会被遗忘，这份小结可以用来提醒自己。此外，有了这份小结，以后带宝宝看病时，如果医生问起，家长也会有备无患。

▌问清宝宝的疫苗注射情况 ▌

在美国，早产宝宝的疫苗注射是按照实际年龄进行的。尽管大多数医院和注射疫苗的保健单位已经联网，但家长还是应该问清楚宝宝已经注射和尚未注射的疫苗，这样心里会比较有底。

回到家之后

在国内的NICU，家长不是每天都可以探视宝宝的，所以宝宝出院回家后第一件事就是让宝宝熟悉家人，多和宝宝进行肌肤接触。在小D住院期间，我和老公每天都让小D光着身体趴在我们胸口，直接进行肌肤接触，这种姿势叫"袋鼠抱"。有研究表明，在住院期间，"袋鼠抱"能够大大提高早产宝宝的存活率。小D回家后的前几个月，我们也一直用这种抱法，让她熟悉爸爸妈妈的气味和呼吸，给她更多的安全感。

早产宝宝从出生一直到矫正1个月，都要尽量静养。很多早产儿妈妈认识到运动对早产宝宝的重要性，宝宝还没过正常的预产期，妈妈们就开始让宝宝看黑白卡，或训练宝宝抬头，这样太操之过急了。早产宝宝出院回家后的前一两个月，需要先把喂养和睡眠的问题理顺，这是宝宝健康成长的基础。

关于宝宝的喂养

一般来说，早产宝宝刚开始喂养时，总是或多或少有些困难。妈妈们要把握一个大原则，即一开始就要建立正确的喂养方法，宁愿一开始慢一点儿，也比今后矫正坏习惯好。比如，有的宝宝吸不动奶嘴，妈妈们宁可少量多次地让宝宝学着吸，也不要直接用勺子喂。否则对今后宝宝吃辅食和说话都会产生不好的影响。

▌掌握宝宝的喝奶习惯▐

小D在NICU住得太久，以至于她已经习惯了3小时喝一次奶，并且习惯了使用特定的奶瓶喝奶。出院回家后，我就按照之前的习惯来喂她，没有特意去改变她的习惯。每个宝宝的习惯都不一样，妈妈们需要仔细观察。

▌注意宝宝呛奶的问题▐

早产宝宝的吮吸能力和吞咽能力通常都会弱一些。足月宝宝喝奶的过程是"吸—咽—呼"，而好多早产宝宝喝奶的过程是"吸吸吸—咽咽咽—呼呼呼"。有时难免一口气缓不上来，或者被呛到。所以，妈妈们喂奶时要时刻注意观察宝宝的脸色，特别是半夜喂奶时，最好开着小夜灯。

▌让宝宝少量多次地喝奶▐

好多早产宝宝由于吮吸能力弱，个头又小，吃奶时会显得特别累。同龄健康足月的宝宝一口气可以轻轻松松吃150毫升奶，而早产宝宝可能吃80毫升就不吃或睡着了，这是很正常的。对于早产宝宝来说，喝奶也是一种锻炼。一开始可以让宝宝少量多次地练习，经过每天多次的锻炼，宝宝慢慢就会吃得越来越多。

关于宝宝的睡眠

▌睡得短，睡得多▐

通常早产宝宝的神经发育比足月宝宝慢，所以很多早产宝宝的睡眠问题更突出。一般小月龄的早产宝宝睡眠时间会比较短，睡的次数会比较多。好长一段时间内，小D白天每次只能睡45分钟，而且醒后接着入睡非常困难。后来我不再强迫她接着睡，但会注意多安排几个小觉，以便让她充分休息。

▌适当使用白噪音[1]▌

在医院里，无论白天、晚上都非常吵闹，很多早产宝宝住院久了，习惯在吵闹的环境下入睡。刚出院回家时，由于环境突然变得非常安静，他们会感到不适应，所以可以在宝宝睡觉时使用白噪音，以帮助宝宝更好地入睡。

▌睡眠安全要重视▌

我建议宝宝从一开始就和父母分床睡，但要和父母同屋，这样有利于培养宝宝良好的睡眠习惯。同时，宝宝的小床上一定不要放各种玩具或松散的毯子，以防蒙住宝宝的脸而发生窒息。

▌使用小夜灯▌

宝宝刚出院回家时，估计好多妈妈都和我当时一样，半夜都不敢睡觉，害怕宝宝万一停止呼吸怎么办。这种担忧是正常的。我当时的做法，就是在小D旁边一直开着一盏小夜灯，这样方便半夜起来观察情况。一段时间后，等妈妈安心了，就可以关掉小夜灯，只在半夜喂奶时打开。

家里的环境

注意家里的温度和湿度。温度只要保持大人感到舒服的状态就可以了，但要注意，家里不能太干，因为太干容易滋生细菌，会增加宝宝生病的风险。

▌洗手非常重要▌

任何人在接触宝宝之前，都要记得洗手。美国儿科医生建议，在宝宝矫正1个月之前，大人洗完手后，还要用免洗消毒液进行消毒。研究表明，接触

1　白噪音是一种功率谱密度为常数的随机信号，即此信号在各个频段上的功率是一样的。白噪音可用以辅助治疗神经系统疾病及安抚婴儿等。

是传染病毒的第一大途径。家里有人来访时，也要提醒他们先洗手，并且谢绝患流感或其他传染性疾病的亲友来访。

打造无烟环境

如果家中有早产宝宝，特别是肺部有慢性疾病的早产宝宝，家里要禁止吸烟、喷雾，还要避免出现油漆等刺激性东西。

家人要及时注射疫苗

和宝宝同住的家人，建议在冬天到来之前都接种流感疫苗和百日咳疫苗，以防止把病毒传染给宝宝。

经过头一两个月的磨合，宝宝的喂养和睡眠会逐渐规律起来，这时可以考虑带宝宝出门。医生建议宝宝矫正1个月后就可以带出门，但注意不要让宝宝暴露于太阳的直射下，以免晒伤宝宝的皮肤；还要避免去人多拥挤的室内场所，因为这些地方容易增加宝宝感染的机会。我在这方面比较谨慎，小D住院回家时是初冬，正值流感高发期，所以我们没有很频繁地带她出门，最多是在家旁边的公园里走走。

心理建设

宝宝早产对于家庭来说是一个很大的冲击。宝宝还在NICU时，由于大家处在高压状态下，会把很多情绪问题暂时放在一边。等宝宝出院回家后，心理上没有之前那么紧张了，很多之前的情绪就会慢慢浮上来。这在心理学中叫作"创伤后遗症"。

也许，你会质疑自己是不是合格的母亲；也许，宝宝出院后又生病了，你因此而感到自责，把之前宝宝早产和现在生病等所有的问题都归咎于自己；也许，你什么都要自己做，觉得亏欠宝宝的都要弥补上……

这些情绪都是正常的，都是需要时间去消化的。要勇敢地面对这些情绪，并且试着接纳和消化它。不要一味地逃避，因为这样帮助不了你。小D出院后，有好长一段时间，我都是避讳谈论"早产"或小D的经历的。那时我告诉自己，希望今后小D不要因为戴着"早产宝宝"的帽子而拒绝或逃避做一些事情。后来我明白了，想让小D做个正常的宝宝，我首先需要做一个"正常"的妈妈。小D早产已经是不可改变的事实，我们作为父母能够影响她的，就是让她学会正确看待这件事。

争取外援支持

照顾早产宝宝会比照顾足月宝宝花费更多的精力。所以，妈妈们不要事无巨细都亲历亲为，不要觉得只有自己才能给宝宝最好的。其实妈妈们更需要好好休息。相信很多妈妈都和我一样，因为宝宝早产，几乎没怎么坐月子。所以，在照顾宝宝的很多事情上，妈妈们要学会放手，让家里的其他人帮忙照顾宝宝。要记住，开心的妈妈才能带出开心的宝宝。

记得小D刚出院回家时，我既紧张又兴奋。万事开头难，经过和小D最初几个月的磨合，她越来越好带了。经过那么久的等待，你们的小斗士也终于要回家了，请做好准备迎接他吧！

Part 9

辣妈奶爸篇

——养育孩子是父母的一场修行

01

幸福妈妈的秘诀——找到自己的舒适状态

我是爱思考的人，思考得多就容易纠结。在做全职妈妈的最初阶段，我纠结过、焦虑过，也困扰过。两年过去了，我终于和自己握手言和。

摆正心态，认清定位

以前没有小D时，每当工作受挫，我都会说"算了，大不了辞职回家生孩子"。很多妈妈潜意识中也总是把全职妈妈当成自己的退路，当成工作干得不称心的一种逃避方式。其实这种想法本身就认为做全职妈妈是没有技术含量的，是轻松的，是低人一等的。说实话，我一开始也是这么认为的，始终觉得自己大材小用了。

直到有一天，当我被这个什么都不懂的孩子折腾得筋疲力尽时，有一次半夜挤奶，我想起自己之前的一名下属。她是名牌学校的毕业生，加入我的部门后，我让她做一些数据整理的工作，建立数据库。第二天，她跟我说，我不想做这份工作，觉得太大材小用了。当时我是这么回答她的："如果你真的觉得这份工作很简单，请先把这份简单的工作干好。当你能够完全胜任这份工作时，我们再来谈下一步你想做什么。" 事实证明，这份工作对于一个职场新手来说非但不简单，反而特别考验她的综合技能和学习能力。

这时，我突然意识到当时所说的不就是自己现在的状态吗？是啊，与其每天纠结，不如先把当前的工作干好！想明白这一点之后，我的心态完全改变了，我把全职妈妈当成自己的新工作，唯一的区别只是工作环境改变了。干好一份工作是需要职业素养的，是需要学习知识和技能的，是需要有"干一行、爱一行、专一行"的态度的，做全职妈妈也一样。

心态决定行为，眼界决定格局，当你觉得自己"只是个带孩子的"，当你自己都看低自己时，你的感觉一定不会好，你也一定不会觉得自己有价值，而这一切都会影响到你做好"妈妈"这份工作时的心态。因此，要想做一个好妈妈，首先就要端正心态，像对待工作一样来对待"妈妈"这份工作。

不要有牺牲自我的想法，牺牲意味着有所求

我从小受到的教育就是自己赚钱自己花。做了全职妈妈之后，因为不再有经济收入，我感到有些心虚，不再舍得为自己花钱了。小D出生后第一年换季时，我有一次整理衣柜，看着满衣柜曾经的套裙和高跟鞋，想想现在连一支口红都舍不得买，我突然抑制不住大哭起来。

我并不是一个情绪激烈的人，但那次真的哭得很厉害。发泄完情绪之后，我对自己做了一次彻底的梳理。我曾经错误地以为，因为我做了全职妈妈，所以我要为这个家庭付出更多的心血，奉献更多的自我，这样才能得到应有的爱。但做全职妈妈这个职业，很难立竿见影地看出付出者的价值，很多时候你渴望得到表扬和认可，但男人看到的却是你灰头土脸的样子，孩子带不好，你自己的精神状态也很差。这个世上哪有真正的无私奉献，我之前所谓的"牺牲"其实都是有所求的，当所求没有得到满足，我的内心就会觉得委屈，这正是我大哭的原因。

我开始明白，当一个好妈妈，我需要先照顾好自己。只有照顾好自己，我才有能力去爱他人；只有自己的内心是充盈的，我才能去浇灌他人。

现在，我学会每天创造机会给自己一点儿小确幸——享受一杯咖啡，跟着音乐跳一段舞蹈，每天早起15分钟给自己化个妆……当然，我还学会了厚着脸皮花一些老公的钱。只是这么一点点改变，我却变得开心起来，这种内心充足的感觉，换来的是心态更加平和地带孩子，换来的是老公的舒心，何乐而不为呢？

学会安放自己，找到自己的"舒适"状态

我毕业后加入了一个知名外企做管理培训生，管理培训生是为培养我们成为公司高层的快速通道。那时全国申请管理培训生的应届大学生有几十万人，最后只录取了十几个。加入公司后，我们需要每8个月轮岗一次，还要参加考试，表现不好会直接被淘汰，可想而知竞争有多激烈。

第一次轮岗结束后，我参加考试时被问到的最后一个问题是，你中长期的职业目标是什么？我说出了自认为的标准答案——做总经理。后来随着自己工作年限慢慢增长，我开始明白，并不是每个人都想做总经理，比如我自己。

在我做了全职妈妈之后才发现，原来在全职妈妈这个领域，竞争也同样激烈，而我，也并非想做最牛的妈妈。

当我觉得自己一边带娃一边运动，身材恢复得不错，俨然一名时尚辣妈时，我的朋友生了3个孩子，每天严格控制饮食，坚持运动，甚至练出了马甲线；

当我觉得自己带娃游刃有余时，我发现朋友圈有个全职妈妈不仅带俩娃，还又学插花又做烘焙，最近还在玩摄影；

当我觉得自己当了全职妈妈还能不断读书充电时，我发现邻居一位妈妈一边带娃，一边修完了哥伦比亚大学的心理学课程；

……

我身边的人尚且如此，更不要说网上的那些"牛妈"了。习惯了竞争的我，一开始看到这些时也会有压力，也会感到焦虑和自卑。每每这时，我总是会想起自己初入职场的那个故事，也不是每个人都需要成为"牛妈"。人生最关键的就是找到自己的"舒适"状态，学会安放自己。"舒适"不是和别人比，而是自己内心的一种状态。我花了两年时间才明白自己的"舒适"状态是什么，而我所有的努力都是为了满足自己的"舒适"状态。

当你找到自己的"舒适"状态后，再看那些"牛妈"的传奇，就不再

感到有压力，反而会淡然地说，她们真的好棒，但那不是我要的"舒适"状态。大部分人的纠结、焦虑和不幸福，都是来自既不想受苦又什么都想得到的矛盾心态。

　　我，30+，一个全职妈妈。时光流转，我却越来越爱现在的自己，这是我最好的时光，因为我找到了自己最舒适的状态，希望每个妈妈都可以找到自己最舒适的状态。

02

请不要叫我家庭主妇，因为我是全职妈妈

全职or上班，这是个问题

小D出生后，对于是否做全职妈妈，我是有过纠结的。我们尝试过找保姆，我以前的公司老板也给了我一些散活儿，想看看我是否可以兼职做一些工作，并逐步过渡到上班。"在家办公"，听上去是多么理想的状态，但是对我和小D真的不适合。小D总是想找妈妈，这就意味着我的时间会被无限地碎片化，结果既无法全心全意照顾小D，也无法高质量地完成工作。

尝试过以后，有一天，我问了自己3个问题：

- 如果工作暂停两三年，我可以等吗？我可以接受这个事业上的代价吗？
- 如果错过了小D人生的前两三年，我会感到遗憾吗？
- 家里失去我这一份经济收入，是否可以不影响生活质量而继续运转？

当我把这3个问题写下来后，我突然发现，自己纠结了几个月的事，答案其实很清晰。于是第二天，我就和老公说了自己的想法。一周后，我递交了辞呈。

我不是家庭主妇，而是全职妈妈

第一次带小D去参加美国的社区活动时，我介绍自己是家庭主妇（housewife），后来有一个打扮非常精致的两宝妈妈过来跟我说，你是全职

妈妈（full-time Mom），不是家庭主妇。

家庭主妇是一种角色，意味着你所做的一切都是理所应当的。所以，你就应该24小时围着孩子转，你就应该全年无休，你就应该蓬头垢面、成为"黄脸婆"。

而全职妈妈是一份职业，和其他所有的工作一样，这份职业也有上班、下班和休假的时间，做这份职业的人也应该关心自我的发展，也需要思考如何提高自己的工作效率。此外，既然是份职业，那么全职妈妈是需要拿"工资"的，尽管很多时候这份"工资"并不是以金钱形式支付的，但是她的价值却是应该被认可的。

干一行，爱一行

▌心态▌

很多全职妈妈的心态不好，最大的原因就是觉得自己牺牲了自我，成全了家人。在我看来，做全职妈妈是我的自主选择，而不是一种被动的选择，因为我想停下来陪伴小D人生最初的几年。这其中既没有妥协，也没有牺牲，是我遵循自己内心的呼唤而做出的选择。

▌技能培训▌

既然全职妈妈是一份职业，我就需要用知识来武装自己，以更好地胜任这份工作。在这份工作中，我也曾有过忙得焦头烂额的时候，甚至全盘否定过自己。但换个角度想想，这只不过是"跨行业跳槽"带给我的阵痛。

于是我开始学习，每天抽时间看书；每天结束时，我都会进行自我总结，反思哪些地方可以做得更好；抓住每次机会，去请教医生和康复师……这才是全职妈妈该有的"职业素养"。如今，当我带孩子越来越得心应手时，我觉得当初的一切努力都是值得的。

放手

尽管当全职妈妈是我自己的选择，但也需要得到家庭的支持。记得我一开始带小D时，手忙脚乱，根本没时间做家务。老公回家看到脏衣服没洗，第一句话就问："为什么不洗衣服？" 很多妈妈都会羡慕"别人家的老公"懂得为妻子分担压力。其实，每个"别人家的老公"起点都是一样的。

当你抱怨自己的老公什么都不会做时，你是否想过，你有没有放手让老公去尝试呢？有没有向老公表达过你需要帮助呢？如果你从来没有给过老公尝试的机会，又怎么能期望他在你需要的时候帮助你呢？记得我第一次让老公单独带孩子时，内心非常忐忑。但我知道要培养"奶爸"上岗，就一定要懂得授权。只有在没有退路的情况下，老公才会发挥主观能动性，尽快进入状态。那次我只出门了2小时，回家时家里像被打劫过一样，但除了小D有些脏之外，其他一切都挺好的。不过从那天开始，老公体会到了全职妈妈的不易，也逐渐开始享受带孩子这份痛并快乐着的甜蜜负担。

打造专属自己的时光

每个人都需要一些专属自己的时光，全职妈妈也一样。经过一段专属自己的时光，全职妈妈能够更加高效地回归自己的岗位。每天小D入睡后，我都通过读书、运动、美容等来享受一段专属自己的时光，给自己一个休息缓冲的时间。每个周末，我都会精心打扮一番，然后去逛街、看展览、跳舞、会友，或者只是一个人在街角喝杯咖啡，发发呆。那时，我不是母亲，不是妻子，我只是我，静下心来和自己对话。

我的生命得到前所未有的丰富

以前的我很忙碌，曾经有一段时间，每个月有20天需要去世界各地出差，好多次早上醒来躺在酒店的床上，我都需要想一想自己是在哪个国家。曾经的我推崇效率至上，所有的事情都要赶时间。有了小D以后，我发现原来慢下来也是一门学问。

小D刚开始做康复治疗时，很长一段时间内没有丝毫进展，我十分着急。后来大运动康复师告诉我"Slow is the new fast（慢即是快）"。我开始静下心来帮助小D康复，这时才发现很多以前看不到的问题，而这些恰恰是小D康复的关键。慢慢地，我学会了跟随孩子的节奏，用心去发现和理解孩子的问题，这样才能真正帮助孩子。

如今，我每天都会带小D去中央公园待一两个小时。我发现，原来浪费时间也可以这么美好。我们两个有时什么也不干，只是躺在草坪上感受风吹过，然后她看看我，我看看她，会心一笑。当自己的步伐和心态都慢下来后，我发现离自己的心更近了，更明白自己要什么，以前很多纠结的问题也豁然开朗了。

记得初入职场时，我的导师对我说过一段话："Embrace every possibility in your life and live to the fullest.All these efforts you put in won't be wasted; instead, it will shape who you are and become part of your quality.（拥抱生命中的所有可能性，并努力做到最好。你付出的所有努力都不会白白浪费，它会变成你的一部分，造就今后更好的你。）"

事实上，做全职妈妈的过程何尝不是如此呢？努力去做好育儿过程中的每个环节，努力去关照自我的成长，最终就一定能收获一个更好的宝宝和一个更好的自己。

03

生孩子后，女人的正确打开方式

以前工作时，我每次给下属布置工作任务前，都会花一些时间让他们明白为什么要这么做，因为只有知道"为什么"，才能激发做这份工作的动力。产后瘦身也是一样的，关于瘦身方法和技巧，相信妈妈们已经看过很多，但最终成功的案例却并不多。那么，对于"产后瘦身"这项任务，我是如何成功破题的呢？

第一步：寻找原动力——为什么要瘦身

对于任何人来说，瘦身的原动力都是自我接纳。因为你还没有强大到可以坚定地说"我的身体或外貌并不代表我自己"，相反，你始终觉得身体或外貌是自己非常重要的一部分。小D刚出生时，我的肚子看上去还像怀孕几个月的样子，我每天照常穿着孕妇装，那种感觉糟糕透了。那时，我告诉自己要对自己好一点儿，如果我连自己都不爱，怎么有能力去爱孩子、爱老公呢？

在中国，用来形容妈妈的词语都是"伟大""无私"等。我的堂姐有了宝宝后身材大幅走形，她经常哀怨地跟儿子说："你看看，妈妈为了你身材都毁了……"我好怕自己也打着"无私奉献"的幌子，对小D进行无形绑架。谁说生完孩子就一定会胖，仿佛这样才是世俗认为的"无私"妈妈的形象？在我看来，如果妈妈的字典里没有"牺牲"这个字眼，反而可以用更好的心态陪伴孩子的成长。那么，我要做的第一件事就是瘦身。

第二步：打消顾虑——现在可以瘦身吗

即使找到了瘦身的动力，你身边可能还会有很多"猪一样的队友"在拖你的后腿："不能锻炼啊，对身体不好。""一运动奶就变少了，你都结婚生孩子了，干吗还这么在乎身材？"我也被自己的妈妈和婆婆劝过不要瘦身，为此我特地咨询了妇科医生。

▍运动会让妈妈的奶变酸吗▕

运动的确会让身体产生乳酸，但我们不是运动员，运动的强度其实很小，普通人运动所产生的乳酸是很微不足道的，完全不会影响母乳的味道。

▍运动会让妈妈的奶变少吗▕

运动本身不会影响母乳的产量，但的确有很多妈妈觉得一运动奶就减少了，这主要是因为没有补充足够的液体。由于运动时大量出汗会带走身体的水分，而母乳的主要成分是水分，如果身体的水分供应不足，母乳自然就会减少。因此，母乳喂养的妈妈运动时一定要注意及时补充水分。

▍产后多久可以开始运动▕

通常在产后42天会进行产后复查，如果复查结果没问题就可以运动，即使是剖腹产也是如此。不过需要注意的是，如果自己觉得身体状态不行，就不要硬来，可以等自己对身体更有信心的时候再开始运动。

▍运动会让腹腔内的器官下垂吗▕

当我向医生咨询这个问题时，她的眼睛睁得大大的，说："What？！（什么？！）"她说这是没有科学依据的，唯一可能下垂的就是乳房。所以，妈妈们在运动时一定要戴运动胸罩，而且一定要选用支撑力好的款式。我当时选用的是全罩杯的运动胸罩，样子不太好看，还很贵，但支撑效果特别好。

第三步：制定目标——想达到什么样的瘦身效果

在工作中，好的领导会给下属布置能够实现的目标，产后瘦身也是如此。好多妈妈对于产后瘦身抱有过高的预期，结果不是因为太饿而暴饮暴食，就是因为连续1个月体重没变化而放弃。所以，请不要对照超模的身材，而是应该给自己一个合理的预期。比如我是个"吃货"，忍受不了食物的诱惑，所以我不会通过节食来减肥。

我为自己定下的目标是追求围度变小，而不是体重降低。其实体重并没有那么重要，关键是看上去身材要有型。因此，我从一开始给自己定下的目标就是不追求减轻体重，只看重围度，围度是最直观的"视觉体重"。事实证明，我休重108斤时看起来反而比瘦身后110斤时看起来胖很多。

第四步：拆分任务——我的瘦身之路

第一阶段——恢复期（产后42天～第4个月），耗时3个月

关键词： 饮食营养丰富＋恢复体力

产后42天我去做了妇科检查，医生说我一切恢复正常，之后我就开始运动了。产后半年是瘦身的黄金期，脂肪是有记忆能力的，孕期堆积的新脂肪在还没变成顽固脂肪之前，是最容易减掉的。

我是母乳妈妈，并且我觉得剖官产对我的身体损伤极大，所以我坚信一定要通过食补来恢复身体。我拒绝节食，坚持少食多餐，每次都在饿之前就进食，每顿吃到8分饱就停止，一天吃6～7顿，而且只吃有营养的食物。其实母乳妈妈本来就容易饿，这样少食多餐，能够很好地满足进食欲望，同时也提供了足够的能量。

在运动方面，我坚持每晚跳一套郑多燕的健身操。这套健身操曾经被我嘲笑为"广播体操"，但后来发现我错了，因为一开始跳时我就无法完整地

跳下来，每次都跳得大汗淋漓。郑多燕的操有好多系列，我每天轮流做，因此也不觉得枯燥。就这样跳了3个月，最明显的变化就是体力恢复了，肚子从看上去像怀孕5个月变成了像怀孕3个月。

第二阶段——加速期（第5个月～ 第11个月），耗时6个月

关键词：控制碳水化合物的摄入＋提高有氧运动量

在这个时期，母乳供应量已经稳定下来，没有之前那么容易饿了。于是，我逐渐恢复了一日三餐，有时下午会吃一些点心。并且我开始改变饮食结构，晚餐不吃主食，以控制碳水化合物的摄入，加大蔬菜和肉类的摄入，其他两餐都正常吃。

体力恢复后，我开始加大有氧运动量。在这个阶段，我主要是跟一个叫Nike Training Club的APP跳操。这个APP上的运动项目会根据不同的体力程度、目标和时间长度来进行分类。我每晚跳45分钟，从初级开始跳，再慢慢地过渡到中级和高级。如果周末有时间，我也会去公园跑步。

这个时期结束时，我最明显的变化是牛仔裤的腰围大了，整个人小了一圈，而体重反而增长了。此外，由于已经养成了每天运动的习惯，如果哪天不运动，我反而觉得有些不舒服。

第三阶段——塑形期（第12个月至今）

关键词：正常饮食 ＋ HIIT（高强度间歇训练）和塑形穿插进行

我瘦身的目的并不是为了追求超模身材，所以从这个阶段起，我慢慢开始恢复正常的饮食。我不是很有毅力的人，所以如果晚饭长期不吃碳水化合物，我的体重肯定会反弹。因此，我又恢复了正常的一日三餐，偶尔也会吃冰激凌、蛋糕这些高热量的食物。这时，运动减肥的好处就显现出来了，我的新陈代谢明显加快，所以不像以前那么容易变胖了。

在运动方面，我将HIIT和局部塑形运动穿插着进行锻炼。HIIT是一种简单粗暴的运动方式，在短时间内就可以让心率迅速提高，好处是锻炼时间

短，每天20～30分钟就可以达到预期的效果。但如果你没有运动基础，不建议一开始就做这个，否则身体会吃不消。塑形运动方面，我做的都是自重练习，比如深蹲、平板支撑、箭步蹲、俯卧撑等。这些运动平时带孩子时也可以随时来几个，完全不受时间的限制。

第五步：良性回馈——奖励机制

瘦身是一项长期的计划，偶尔给自己一些小小的鼓励，能够激励自己更好地坚持下去。比如，买条小一号的牛仔裤，晒一张带腹肌的照片，做一个锻炼前和锻炼后的对比图等，就是一个小小的激励，可以提醒自己原来已经走了这么远，决不能轻言放弃。

如今，运动已经成为我每天生活的一部分。我刚开始运动仅仅是为了瘦身，但现在它已经成为我每天精神和身体排毒的过程，是不可多得的一段"放空"时光。在做全职妈妈的路上，千万不要迷失了自己，而找回身材是找回自己的第一步。

04

一位早产儿妈妈的自我修养

当女人难，当妈的女人更难，而当早产儿妈妈的女人更是难上加难。小D提前3个月出生，她出生以后身上的大部分"零件"都被整修过。而且我和老公在美国，父母都在国内。我当时以为自己肯定干不了这份工作，做不了一个好妈妈。如今我当了两年的早产儿妈妈，感觉自己越来越进入角色了。在这个过程中，我经历了怎样的心路历程呢？

放过自己

小D是紧急剖腹产出生的。那天，我和老公说说笑笑去了医院，没想到还没办理入院手续就被推进了手术室。当我们被告知小D是由于病毒感染而提前出生时，我就开始回想之前那一周我吃了什么，喝了什么，去过哪些地方，试图找出问题的根源。那段时间我成了"祥林嫂"，一遍遍地问所有的医生和护士：我做错了什么？为什么是我遭遇了这一切呢？小D出生后，我除了难过、绝望，还陷入了无限的自责和内疚之中。我觉得自己是个不称职的母亲。

住院期间，小D的情况特别复杂，我和老公每天面对的都是放弃还是继续治疗这些重大的决定，对我们来说，没有消息就是最好的消息。在这样的高压状态下，我忙于解决问题，以至于我以为那种内疚的情绪已经消失了。其实它只是被我隐藏在内心的某个角落里，当某个契机到来时，这种情绪又会出现，以排山倒海之势将我淹没。

小D出院后需要定期做核磁共振，做核磁共振之前需要打镇静剂。第一次是我陪着她进去的。那天小D好像感觉到了什么，表现得特别黏人，我把她放到检查床上之后，她就开始大哭，手脚乱踢。旁边有几个护士帮忙把她压住，她一只手紧紧地抓住我，眼睛非常无助地看着我，拼命地哭。那一刻，我泪如雨下，内疚、自责……之前所有的情绪又一次涌上来，她住院期间的一幕幕，她现在所受到的苦，几乎要将我吞噬了。

后来，我意识到了这个问题。不管承认与否，我心里一直是排斥"早产"这个词语的，我不愿面对自己的女儿是"早产儿"这个事实。我知道我需要自救，而自救的第一步就是面对和接纳，面对小D早产的事实，接纳自己难受的情绪。难过时就哭，不要逃避；哭完之后擦干眼泪，再继续解决问题。之后，我不再去纠结为什么小D会早产，因为这个已经成为事实，我当下要做的就是放过自己，活好当下，放眼将来。

善待自己

小D的提前到来，一度让我们措手不及。我在坐月子期间每天都去医院看她，剖腹产的伤口痛加上心理上的痛，让我无暇照顾自己。那段时间纽约正值最美丽的季节——春天，外面阳光明媚，我内心却一片灰暗。有好长一段时间，我每天穿着一样的衣服，头发随便一扎就出门了。我拒绝联系一切朋友，给自己筑起一道高高的围墙，仿佛只有躲在这里面我才是安全的。

有一天早上，我在镜子里看到了一张浮肿暗黄的脸，我吓了一跳，那个人是谁？我打量着镜子里那个陌生的自己，刘海遮住了眼睛，头发油腻腻地贴在头皮上，产后一个月了肚子还是好大，每天都穿着孕妇装。

不是这样的，怀孕时我一直幻想着以后和女儿成为"姐妹花"，我永远是她心里最美、最酷的妈妈。可现在怎么是这样呢？那天早晨，我决定改变自己。于是，我剪短了头发，拿出以前的漂亮衣服，去医院前先洗洗脸、梳一梳头发。那天以后，好多医生和护士都对我说，你今天看起来很不错。我突然觉得生活其实并没有那么糟糕，至少我还有一个孩子，至少她一直没有放弃，不是吗？

后来，我开始运动。我每天白天去医院陪小D，晚上回家运动。所有的一切都发生了变化。因为坚持运动，我的精力越来越好了，我又能穿上25号的牛仔裤了。精力恢复、心情变好之后，我的生活好像又回归正常了。那时小D每天的情况还是起伏不定，但我却越来越有信心了。

那段时间，我愈发明白一个道理：爱是一种能力，只有学会爱自己，才有能力爱别人。所以，我要善待自己，只有这样才能更好地照顾我的孩子。

武装自己

小D出院后，我每天对着这个小小软软的宝宝不知所措：每天奶量多少才算够？今天大便怎么突然变成绿色了？宝宝为什么突然哭……我恨不得抱着她重新回到NICU，至少那里有医生可以解答我的疑问。没有想象中的"蜜月期"，小D又开始经历各种各样的病痛和早产的后遗症。我和老公没有医学背景，每周去看专科医生时，我们都会被复杂的医学术语搞得晕头转向。小D一直被称为"高危儿"，我好长一段时间都不明白这种叫法的意思，越是不明白就越担心，不知道我的宝宝前路到底如何。

后来我意识到，没有人天生就会当父母，我们新加入一个公司尚且需要进行入职培训，父母这种一辈子的职业更是需要学习技能，用知识武装自己。于是，我开始拼命地学习，向书本学习，向医生和康复师学习。如今，我可以非常淡定地面对各种"熊亲戚"的"指手画脚"；我可以得心应手地跟专科医生聊病情；我甚至还可以跟周围的朋友分享一些育儿的经验。当这一切显得毫不费力时，我清楚地知道当初的自己是多么努力。

我不再因为不知道而整天焦虑，不再因为不了解而草木皆兵。我在用知识武装自己的同时，收获了一份更放松、更从容的心态；收获了一份更冷静、更淡定的判断力；收获了一份不管前途如何，我们一定会越来越好的底气。

那时，我曾觉得这是自己人生最黑暗的低谷。后来我告诉自己，如果真是这样，那就大胆往前走，因为无论怎么走都是在向上走。

05

我是如何做到一个人带娃，弄个公众号还没发疯

在美国，妈妈独自带孩子是非常正常的事情，有的妈妈甚至一个人带两个孩子，肚子里还怀着第三个。正是因为这样的环境，我和老公几乎没有思考过"可不可以一个人带孩子"的问题，相反我们会问"如何才能一个人带好孩子"。

不要小看这两个问题的区别，当你问自己"可不可以"时，你的心里其实已经默认自己不行，或者不一定行。但如果你问自己"如何才能"时，你已经决定了要一个人带孩子。为了不让自己发疯，接下来就会动脑筋找方法，这就是信念的力量。

锦囊一：宝宝时间我掌控

记得我一个人带小D的第一周，简直要崩溃了，她一会儿哭了，一会儿尿了，一会儿又困了……一天下来我累得半死，但如果问我在忙些什么，我又说不上来，就是感觉自己每天围着宝宝团团转。

我决定开始改变。第一件事就是记录小D一天的生活作息，包括几点起床、几点吃奶、几点小睡等。记录了大半个月后，我对小D的作息进行了分析，发现还是可以总结出一些规律的。比如，她通常都会在上午喝两次奶之后小睡一会儿；每次喝奶的时间间隔虽然还不稳定，但基本上都是2.5～3小时。

得到这个结论之后，我开始有意识地根据这个规律来调整她的作息，后来又引进了《实用程序育儿法》中的EASY模式。一个月以后，小D的作息已

经很规律了，而且最重要的是我自己有了底气，基本上可以根据她的作息来安排我的时间，变得从容了很多。

锦囊二：从小培养宝宝的独立意识

▍要让宝宝尽量睡小床▍

小D出院回家后就开始独立睡小床，而不是和我们同床睡。因此，她很早就不需要吃夜奶，可以睡整夜觉了。其实大部分宝宝6个月之后对于夜奶的需求都是心理上的，而不是生理上的。出现这种心理需求的主要原因就是没有和妈妈分开睡，"食堂"和"卧室"没有分开，宝宝自然就无法睡整夜觉。

▍要给宝宝独自玩耍的机会▍

其实，自我娱乐也是宝宝很重要的一种认知方式，但很多妈妈几乎没给过宝宝这样的机会。最简单的做法就是不要总抱着宝宝，从宝宝一出生起，就在家里准备一个区域，放上游戏垫，每天只要宝宝醒着，就让他在垫子上多练习趴着。这样不仅能够锻炼宝宝的大运动，也给了宝宝独处的机会。

▍要培养宝宝独立吃饭的意识▍

小D从添加辅食开始就坐在餐椅上自己吃，并且我很早就为她引入了手指食物。这样她就明白，一日三餐是定时的。而且通过手指食物的锻炼，她很快就学会了独立进食，不再需要我喂着吃。

锦囊三："三心二意"带孩子

从小开始，我们就一直被教育做事情要"一心一意"，但有了宝宝后，妈妈们其实要学会"三心二意"，也就是multi-tasking（多重任务同时进行）。

曾有一段时间，我一离开小D，她就会哭叫，后来我就把做家务和陪她玩结合起来。比如做饭时，我和她玩躲猫猫的游戏，我在厨房门口放上游戏垫和玩具，把她放在上面，然后一边炒菜一边和她说话，时不时探头看一下她，她觉得我是在和她捉迷藏，基本上可以保持一段时间不闹。

小D每次睡醒后心情会特别好，可以自己玩半小时，这时我就抓紧时间做点儿其他的事情。

要做到"三心二意"，最关键的就是要把家务打散，不要指望每天都有完整的时间，相反，要把每天的家务拆分开，利用零碎的时间来完成。

锦囊四：巧妙利用玩具

很多妈妈都抱怨家里有好多玩具，但宝宝都不感兴趣。我每天不会把所有的玩具都给小D，这样她很容易就玩腻了。相反，我每次只给她几样，然后把其他玩具收起来，过段时间之后再拿出来，小D就会一直保持兴趣。

我还充分利用家里的物品给小D当作玩具玩。比如，我把沙发靠垫全部堆在游戏垫上，围成一个圈，把小D放在中间，然后告诉她，这是"翻山越岭"的任务，需要她自己爬出来。每次新任务一开始，我会在一旁陪伴她，当她慢慢玩嗨后，我就不需要一直陪着她，这样我就可以腾出时间来喝杯咖啡，或者准备一下晚饭的食材。

因此，最关键的就是要想办法让宝宝忙起来、动起来，宝宝有事可做，妈妈自然就有了喘息的机会。

锦囊五：允许自己偶尔偷懒

一个人带孩子难免会感到疲惫和心烦，如果你恰巧又是一个完美主义妈妈，就更加会感到力不从心。我从一开始就告诉自己，在育儿过程中，比起事事都追求完美，做一个快乐的妈妈才是最重要的。

我在家里准备了一些"偷懒"的神器，这些东西我平时几乎不用，但如果哪天我感到很累或很烦的时候，就会理直气壮地拿出来用。而且最关键的是，有了这些神器，我心里会感到踏实很多，因为我知道自己永远有备选方案，就不会感到那么焦虑了。

摇篮等安抚物

大家对于摇篮其实一直是比较有争议的，用小D的大运动康复师的眼光来看，市面上大部分的摇篮都不利于宝宝运动的发展。但无疑它是安抚宝宝的好助手，尤其是小月龄的宝宝。因此，我不询问她是否应该买摇篮，而是问如果要买，如何使用才能把可能的坏处降到最小。她告诉我，要减少使用时间，避免长时间把宝宝放在里面，比如在摇篮里午睡等。

后来，我就买了一个摇篮。根据大运动康复师的建议，我平时基本上不用它，但遇到小D太闹，而我又感到太累时，我就把她放在里面，这样两个人都可以冷静一会儿。具有类似作用的还有安抚奶嘴，之前说过这个话题，只要使用得当，完全可以用来帮助妈妈减轻负担。

婴儿背带

妈妈们总会遇到这样的情况：宝宝毫无理由地要求大人一直抱着。这时，婴儿背带就会派上用场，它既满足了宝宝被抱的需求，又解放了大人的双手。我有时背着小D还能顺便把家里收拾一下。不过需要提醒的是，用背带时一定要保证宝宝的两腿形成"青蛙腿"，这样最有利于宝宝髋关节的发育。

成品辅食泥

不要小看给宝宝做辅食所占据的时间，有时你会忙得连这点儿时间都没有，这时你肯定会感到特别焦虑。为避免这个问题，我在家里时刻囤着成品辅食泥，一旦有这样的情况发生，给宝宝吃成品辅食泥就可以了。

锦囊六：信息时代的"断舍离"

刚当妈妈时，我加入好多妈妈群，订阅了无数的育儿公众号。每天晚上，我都在群里泡着聊天，生怕错过了关于"好妈妈"的经验分享；在公众号上看到育儿方面的文章就马上收藏，以便以后用得上。

就这样过了一个月，我每天都在网上花大量的时间，但一遇到小D的问题，我还是手忙脚乱。这时我才发现，"看到"并不等于"学到"，网络过多的信息已经把我淹没了。之后，我取消了十几个订阅号，退出了几乎所有的妈妈群。

这样的"断舍离"其实并不容易，在网络时代，我们都抱着"如果不参与，就可能会错过"的心态。但当我真的远离这些之后，我发现自己没有以前那么浮躁了，可以静下心来读几本好的育儿书，看几篇真正有价值的文章，终于可以得心应手地把育儿知识运用到实践当中了。最关键的是，我开始有了自己的时间，开创了一个公众号，开始执行产后瘦身计划，甚至还能添置衣服和化妆品来臭美一下。不要小瞧这些个人时光，这简直是不让自己发疯最好的"鸡汤"了。

大 J 特 别 提 醒

其实无论是对于全职妈妈还是职场妈妈来说，当妈妈都是一份职业。既然是这样，我们就需要努力提高自己的职业修养，做到干一行、爱一行。我们无法成为完美的妈妈，但至少我们可以成为更好的妈妈！

06

我如何将"猪一样的队友"培养成"超级奶爸"

当我们抱怨老公时，到底在抱怨什么

家里有了小宝宝以后，许多新手妈妈都抱怨自己的老公帮不上忙，我也是如此。但后来我发现，我们抱怨的根源其实在于双方进入父母角色的速度是不一样的。女人是经过十月怀胎的准备才进入母亲的角色的；但男人基本上没有经过任何准备，几乎在一夜之间就转变为父亲的角色。女人之前的长期准备，再加上母亲的本能，使得我们在照顾宝宝方面自然很容易上手。所以，我们想当然地认为我们的队友也应该具备与我们水平相当的技能，结果却发现，老公只是拖后腿的"差生"。

如果只是这个原因也还好，关键是妈妈们还会有心理落差。结婚前或者没孩子之前，妈妈还是"小公主"，有了孩子之后，就变成了"老妈子"，老公不仅不帮忙，而且也不像之前那样疼爱自己了。如果你和我一样，骨子里还有那么一点儿小骄傲，认为讨来的疼惜我不要，他真的疼惜我就应该自觉对我好，那么这无疑就成为摧毁夫妻感情的最后一根稻草。

培养奶爸上岗的转机

在无数个夜晚，我的内心百转千回、彻夜难眠，而我的队友却照样呼呼大睡；而且在恶补了各种当妈的心灵鸡汤后，我的生活并没有发生改变，仍然是大吵小吵、冷战抱怨互相交叠。

直到有一天，当我又和闺蜜痛斥老公的罪行时，我的"毒舌"闺蜜幽幽地抛过来一句："过不下去就分了呗。""啊，分了？那还不至于吧。"我当时脱口而出。就在这句话说出来的一刹那，我突然间想明白了，如果还没有到真的过不下去的地步，我要么接受现实，要么改变现状。否则即使我觉得自己再受伤，也是无济于事的。就此，我开始了培养奶爸上岗之路。

要像引导孩子那样引导老公

我以前是个急脾气，小D出生后却把我的急脾气治好了。因为对于这样一个听不懂话的"小肉球"，我再急也无济于事，只能静下心来慢慢引导她。对于老公，其实也是同样的道理，因为对于"爸爸"这个角色而言，他就像个小孩，也是需要被引导的。

我一开始犯的错误就是觉得教他做，还不如我自己做更快。结果导致他什么都不会做，我什么都揽上身；他干什么都被我指责，我做得很累就会抱怨。后来，我开始有意识地让他先做一些简单的事情，比如宝宝洗澡后我跟他一起给宝宝做抚触。在做的过程中，还要多给予正向的引导，比如"宝宝好喜欢爸爸为她做抚触啊""你看，宝宝对你笑了"。我一边慢慢地"迷惑"他，一边悄无声息地给他加大任务的难度，接下来可以是换尿布、喂奶，再接下来就是单独带孩子几个小时。

不得不说，这是一项长期的"投资"。一开始我觉得与其花费那些口舌，还不如自己动手来得更快。但从长期来看，这项"投资"的回报率非常高。我花了3个多月的时间来引导，最终换来的是老公能够独自带娃一整天都没有问题。

及时的正面强化

妈妈们要记得，只要老公肯做，不管做成什么样，你都要狠狠地表扬他。其中最有效的表扬方式是具体、及时的表扬，并且要强调他们行为所造成的影响。比如，今天老公陪着小D玩了半个小时，我就对小D说；"哇，今天爸爸不玩电脑，陪你玩了这么久，你是不是特别开心啊？"然后，我又对老公说："你看，宝宝还是喜欢和你玩啊，看来女儿天生就和爸爸比较亲。"这样的表扬不仅肯定了老公的行为，还强化了女儿爱爸爸这个信息。其实没有无缘无故的爱，爸爸对孩子的爱也是通过长期的相处才培养出来的。而男人在这方面天生接受度就比较差，所以需要妈妈们通过不断强化来鼓励老公的行为。

不命令，多求助

男人骨子里都具有"英雄主义"的情结，他们很期待那种被需要的感受。因此，当妈妈们要求老公帮忙时，不妨多从自身感受出发向老公求助，而不是用命令的语气跟老公说话。

比如，如果你想让老公帮忙带孩子几个小时，你不要说"你来带孩子吧"，更不要说"你在家闲着，就不能帮忙带一会儿孩子吗"，你可以从自身的需求出发，告诉老公："我好累啊，你能不能带一会儿孩子，让我出去喘口气儿？"这样能够激发老公的保护欲，轻轻松松就让老公帮你把活儿干了。

可以吵架，但不要进行人身攻击

在育儿过程中，夫妻难免会出现吵架的情况，这是很正常的现象。但要记得，吵架时一定不要进行人身攻击，吵架后也不要持续冷战。要做到这一点其实也不难，关键在于每次吵架时都着重谈自己的感受，而不是去数落对方。

例如，不要说"我每天带孩子这么辛苦，你下班回来就知道玩电脑，没有一点儿当爸爸的样子"，而应该说"你每天下班后就坐在电脑前，不和我说话，也不和宝宝玩，这让我觉得很难受，好像你根本就不关心我们"。其实这两句话表达的意思是一样的，但后者是从自身感受出发，没有过多评价对方，因此不会引起对方的反感，而且这样说更能让老公明白他的行为对你造成了什么影响。

大 J 特 别 提 醒

　　有人说，有孩子的头两年是婚姻最困难的时期，等这个时期过去之后，你们的婚姻就会更加牢固。的确，养育孩子对父母来说就像一场修行，聪明的父母会在这场修行中遇见更好的自己，也遇见更好的孩子。

附录一

我们的第一年

2014年的春天，我早上起床有一点儿见红，便去找我的妇产科医生。她检查后说问题不大，但为以防万一，建议我去医院输液。于是，我和老公说说笑笑来到了医院。没想到，到医院10分钟后，我身边出现了五六个医生和好几个护士，其中一个最年长的医生神色凝重地对我说："孩子在你肚子里很危险，我们现在就要进行紧急剖宫产。"他只是通知我们，根本没让我们做选择。接着，我就被推入了手术室，20分钟后宝宝就出来了。但我们还没有来得及见到她，甚至连她的哭声也没听到，她就被送入了新生儿重症病房。我们的女儿小D——一个仅有28周、体重不足2斤的早产儿，就这样着急地来到了这个世界上。

由于病毒感染，小D出生时非常虚弱，没有自主呼吸，心脏和肺部都发育不良。她出生的当天下午，我手术之后还不能下床，她的主治医生就过来和我们说："宝宝现在还是很危险，我们不怕孩子早产，最怕早产儿感染，而且你的宝宝在你肚子里已经跟病毒抗争很久了，如果不是她自己发出这么强烈的求救信号，她是无法来到这个世界上的。"她还暗示我们，如果可以，要尽早去看她，因为这可能是最后一面。那一整晚，两个儿科医生轮流站在暖箱旁为她输氧气做复苏。没想到，那天晚上她挺过来了。

之后，她的生理体征慢慢稳定。正当我们刚要松一口气时，她的左右脑都出现了最高级别的出血，医生无法确定这样严重的脑部损伤意味着什么，但她今后残疾或智力低下的可能性非常大。当医生问我们是否要放弃时，我们回答"决不放弃"，医生特别坚定地说，只要你们不放弃，我们就一定全力以赴。接下来，小D在医院待了115天，做了一个肠道穿孔手术，闯过了呼吸关、心脏关、喂养关，克服了眼睛疾病等诸多问题。她就这样变成医院里的"钉子户"和"大姐大"，以至于我们经常跟刚住院的早产儿家长分享医学知识和心路历程，因为这些我们都经历过。

现在每次抱着小D，看着她对我没心没肺地笑，我还能记起她刚出生时手臂还没有爸爸的一个拇指粗；还能记起我抱着她时她突然呼吸暂停，皮肤发紫；还能记起在医院时每天无数次的输液、抽血……

等她终于出院了，我们本以为她从此会慢慢好起来，但没想到她又出现严重的胃食管反流。喂奶对于她和我们来说都是一种折磨，她无休止地哭泣，我们则需要非常耐心地一边哄一边喂，其中还穿插着呕吐、换衣服等，每次喂她喝奶都需要一个半小时。情况最严重的时候，她拒绝喝奶，一天只喝100毫升。我们怕她脱水，只能用小针管每次1毫升1毫升地把奶滴进她嘴里。我们那时都叫她"小熊猫"，因为只有国宝才会享受这样的待遇啊。后来她好了，一个每次喝奶都撕心裂肺哭闹的宝宝，终于对我笑了，并且一天要喝近900毫升奶。

由于脑部损伤，小D的上肢肌张力低，大概有3个月的时间，她趴着时无法抬头，全身软绵绵的，每天都需要做康复训练。所幸我们遇到了几个非常好的康复师，他们都和小D非常投缘。每次康复训练时，虽然小D会哭、会不开心，但每次总能达到康复师的要求。平时只要她醒着，我和老公就会和她一起训练。慢慢地，她能抬头了，可以俯卧撑了，可以翻身了，会爬了。每次学会一个新技能，我们总能从她脸上看到自豪的表情。有时她特别艰难地完成一个动作后，刚准备哭，我和康复师对她拍手说："Good job！（干得好！）"她马上就会笑起来。

小D出院后，一直在看脑外科医生。由于之前脑出血导致脑积水，她的小脑还有个囊肿。我和老公都特别不喜欢那个脑外科医生，他每次不看核磁共振结果，就跟我们说，根据他几十年的从医经验，对于小D这种情况，有95%的概率需要做手术，现在只是手术大小的问题。几个月后再去见他时，他难以置信地说，从最新的核磁共振结果看，小D的脑部正在朝好的方向发展。他盯着小D看了很久，还是不敢确信，就让我们把小D放到检查床上检查她的运动发展情况。当小D一碰床就自己翻过去，并把身体撑起来，头抬得高高地看着他时，他对小D说："So you've proved I'm wrong, right?（你证明了我是错的，对吗？）"

记得小D出院时，好多医生和护士都说，你的女儿是个奇迹。他们没想到她能熬过来，并且这么快出院。出院后我们去做随访，医生和康复师又说，他们没想到脑部出血这么严重的宝宝，肌张力会慢慢恢复，而且她对外面的世界会那么好奇。但我一直不觉得那是奇迹，所有的一切都是这个小生命自己一点一点斗争得来的。记得小D刚会翻身时，她在晚上闭着眼睛还在做俯卧撑。有一次，我们和一个朋友家的宝宝一起玩，这个宝宝从出生起就待在床上，但他6个月时已经能够坐得稳稳的。我和老公都感到特别惊讶：难道不用放在游戏垫上训练吗？因为我们一直以为，别人家孩子的运动发展和小D一样，也是需要训练的，只是程度不同而已。那时我才知道，对正常宝宝来说轻而易举的动作，小D却要经过几百上千次的练习才能学会。

小D很小的时候就已经显现出倔强的性格，熟悉她的医生都和我们说："She has a really strong personality!（她的个性很顽强！）"我有时候也会为她的臭脾气感到恼火，但转念一想，如果不是这种倔脾气，估计她也不会走到今天。

这一年好长，我有时还会觉得自己是在做梦。刚开始最难熬的那几个月，医院随时会打电话告诉我们她可能不行了，或者又要做手术了。那时我们清楚地知道，这是一场马拉松，光哭是没有用的。但情绪需要有宣泄的出口，于是我给小D开了个博客，每天写日记，一边哭一边写，哭完擦干眼泪，继续解决问题。后来博客的地址被同事和朋友知道了，我们发出一个请求，请大家寄明信片给小D，介绍自己以及所生活的城市。接下来，我们每天都收到好多来自世界各地的祝福明信片。一位朋友通过她的妈妈群收集了二十多封国内各地的祝福明信片；另一位朋友出差每到一个地方，就会寄给小D一张明信片；还有一些我们没见过的陌生人，写来明信片说，他们把对小D的祝福放进全家每天的餐前祈祷……小D住院期间，多亏这些明信片，因为有了这些祝福，我才不至于每次去她床边哭。

后来小D的情况慢慢好转，生存已经不是问题了，我走在路上会特别关注那些坐轮椅的人。说来奇怪，我突然发现周围有好多坐轮椅的人，为什么以前没有发现呢？有一天，我看到一个非常漂亮的年轻女孩，她少了一条腿，但她妆容精致，穿戴得体，最让我难忘的是我为她扶了一下门时，她对我的笑容是那么温暖和幸福。那天我对老公说，我已经准备好以后推着轮椅带小D去看世界了。当我做好了最坏的打算，接下来发生的任何事情对我来说都是中彩票。之后，我开始静下心来看新生儿喂养、早产儿康复、父母之道等育儿书籍。

我大学毕业后进入了一个非常好的公司。最初的3年，我在那里学到的就是如何解决问题，如何找到对的人问对的问题，如何面对不确定因素。没想到这些技能现在竟然派上了用场。每次遇到小D要做手术或是需要做出生死抉择而跟医生会面时，总是有一个心理咨询师在场，以防家长情绪失控。一次会面结束后，咨询师问我和老公是不是医生，并说我们是她见过的最有专业知识也最冷静客观的家长。其实我们只不过是觉得情绪化无法帮助解决问题而已。每次跟医生会面的前一晚，我和老公都会先开个会，讨论要问医生什么问题，有时还会用issue tree（问题树状图）把复杂的问题理清楚。我们如今常常自嘲，我们可以算得上半个儿科医生、半个脑外科医生、半个肠胃医生、半个大运动康复师、半个精细动作康复师、半个语言与喂养康复师以及半个儿童认知训练师了。有时见到一个孩子，通过观察他的行为、动作和表情，我就会条件反射地去分析他哪些方面正常、哪些方面超前以及哪些方面落后。

毕业后我曾工作了9年，其中有一半以上的时间是做市场调查工作。如今我的研究样本只有一个，就是我的女儿。我每天观察这个不会说话的宝宝，观察她的动作、性格、语言，然后把观察的结果拿去跟儿科医生和康复师们进行交流。初入职场时，一位导师跟我说："有一些你现在做的觉得很没用的事情，说不定将来有一天会帮助你。那时你回头看就会发现，那些散落的点竟然连成了线。"我从来不曾想过，我在职场生涯上学到的东西竟然也可以用在女儿身上。从另一个角度看，也许我现在的个人经验对我以后的工作也会有所帮助。

现在小D还在做康复，一周9次，未来是什么样，我们都不敢确定。但有一点是肯定的，那就是最坏的事情已经过去了。感恩有这么一个小生命陪伴我们，她彻底改变了我们的人生轨迹。参与一个小生命的奋斗，让我更加懂得珍惜，让我明白原来呼吸、心跳也不是本来就该存在的，只要活着就是美好的事情；陪伴一个小生命的成长，让我觉察自己的不足，丰盈自己的内心。

尽管一直不愿意承认，我到现在还有创伤后遗症。有时小D午睡时间过长，我还是会去看一下她是否有呼吸；有时国内的朋友刚知道这件事过来问候，我总是抗拒回答，因为每说一次，心里就会痛一次。今天，当我选择把这些分享出来，至少说明我在慢慢痊愈。

如果未来有一天我们相遇，我想我会自豪地向你介绍，她是我的女儿小D，她是早产儿，她是个fighter（斗士）！

附录二

我们的第二年

两年前的4月份，小D提前3个月急急忙忙地来到这个世界上。第一年，我们完全是为了"活着"而奋斗。那时，我的愿望就是希望她能够活着，可以不用做开颅手术，就是这么简单。第一年过去了，小D不仅"活着"，而且情况越来越好了。我们不用每周去看各种专科医生，不用每月去做一次睡眠测试、核磁共振和那些大大小小的检查了。

人真是健忘又贪心的动物。当我和小D吹灭她1岁生日的蜡烛时，我希望她不仅可以"活着"，还可以高质量地"活着"。就这样，我们开始了牵着蜗牛慢慢走的第二年。

牵一只蜗牛去散步

张文亮

上帝给我一个任务，

叫我牵一只蜗牛去散步。

我不能走太快，

蜗牛已经尽力爬，为何每次总是那么一点点？

我催它，我唬它，我责备它，
蜗牛用抱歉的眼光看着我，
仿佛说："人家已经尽力了嘛！"
我拉它，我扯它，甚至想踢它，
蜗牛受了伤，它流着汗，
喘着气，往前爬……

小D就是这样一只蜗牛。她练习3个月才会抬头，练习6个月才会爬；花了4个月才学会"躲猫猫"，花了5个月才明白如何用手指来表达意思……我们日复一日地进行康复，却没见到什么明显的进步，我曾着急过、沮丧过，甚至还对她说："就是这样抬头，你为什么不会啊？"那时我不明白，那些看起来非常简单的事情，为什么她总是做不到？对于习惯了追求绩效的我来说，那段时间我有一种深深的无力感。

直到有一天晚上，看到小D闭着眼睛还在尝试抬头，我的眼睛湿润了。我突然间明白，原来她真的已经尽力了。一直以来我都太快了，我应该慢下来，陪着她一起走，而不是一味地在后面催促她。

于是，我放慢了脚步。当我慢下来以后，我学会更多地从小D的角度思考问题，并且内心得到了从未有过的平静。平静的心态带来的最直接好处是我更加专注了。我以前的精力都是分散的，我花了太多时间去焦虑，去拿小D和其他孩子比。如今我的精力都收回来了，我只关注当下。这时，我发现自己可以更好地看清问题、发现问题和解决问题。

这就是慢养的力量——给孩子足够的时间，让他们慢慢地变得更好。人生是一场马拉松，不怕蜗牛走得慢，关键在于它一直在正确的道路上前行。

真奇怪，
为什么上帝叫我牵一只蜗牛去散步？
"上帝啊！为什么？"

天上一片安静。

"唉！也许上帝抓蜗牛去了！"

好吧！松手了！

反正上帝不管了，我还管什么？

让蜗牛往前爬，我在后面生闷气。

咦？我闻到花香，

原来这边还有个花园，

我感到微风，

原来夜里的微风这么温柔。

慢着！我听到鸟叫，我听到虫鸣。

我看到满天的星斗多亮丽！

咦？我以前怎么没有这般细腻的体会？

我忽然想起来了，莫非我错了？

是上帝叫一只蜗牛牵我去散步。

　　小D从矫正3个月开始，就有一位认知老师每周3次和她一起做游戏，以提高她认知能力的发展，但一开始效果并不好。在接近1岁时，小D对于玩具的认知还是停留在啃的阶段。后来有一次，我邀请了一个和小D月龄相仿的孩子来家里玩，当时小D和她并没有任何互动。但两天后，我发现她自己会把积木从盒子里拿出来并叠起来，而这正是两天之前那个小宝宝在我家玩积木时所做的事情。

　　那一刻，我突然明白了，一味地灌输和教是没用的，激发孩子求知的主动性和积极性才是关键。这就好比"放养"和"圈养"的道理，有经验的放牧人都知道把羊群带到肥美的草地，让羊尽情地吃草，这样它们才能长得更好。而我们要做的，就是给孩子准备好那块肥美的草地——学习不该只发生在家里和课堂上，家长应该为孩子提供更加广阔的认知空间。于是，我带

314

小D去公园，在那里，她感受到四季的交替，触摸树叶和草地，认识各种颜色；我带小D去图书馆，在那里，她和其他宝宝一起听故事、唱歌，还学会从书架上选择自己喜欢的绘本，拿过来让我读，她爱上了亲子阅读；我带小D去动物园，在那里，她看到了绘本上的各种动物，兴奋地一边指着动物，一边模仿动物的叫声；我带小D去超市，在那里，她学会了做出选择——"要""不要"，学会了和收银员打招呼、说再见。

当我带着她走出去之后，才发现原来她之前的活动范围是这么小，成长方式是这样单一和枯燥。我对她使用了自认为"最好的"的圈养方式，却束缚了她的成长和发展。当我向她展示外面这个广阔的天地后，小D变得更加快乐、更加主动，也更加积极地参与其中了，很多认知发展、语言发展在不经意间就得到了提高。

所谓"放养"，并不是放任不管，而是为宝宝提供更多的可能性。在幼儿时期，让孩子少上几次补习班，让孩子多去广阔的天地学习。不要用圈养的方式让儿童的生命失去意义与光彩。

小D脾气倔强、自主意识强，也许这正是她能够顽强生存下来的原因之一。1岁后的小D，处处显示出想自己做主的意愿，各种性格和行为问题也随之浮出水面。我有过被她气得情绪失控的时候，也有过看了很多育儿书籍，还是对付不了这个"熊孩子"的时候。

我的一个朋友曾经说过一句话："如果吼叫有用，驴早就一统天下了。"的确，在管教孩子的问题上，吼叫完全没有用。当我大吼时，小D会哭得更大声，我也变得更生气，最终只能是两败俱伤。为什么我会朝她吼叫呢？因为我觉得我是母亲，我应该控制孩子，我不能让她哭……所有的想法都是以"我"开始，这是多么可怕啊！

慢慢地，我开始改变了。每当小D有任何淘气的情况出现时，我不再从"我"的角度出发，而是学会换位思考：她想向我表达什么？是因为尝试几次还无法把积木搭好而感到沮丧吗？是因为我刚刚在厨房忙，没有关注她而感到伤心吗？是因为我无法理解她想表达的意思而着急吗？当我开始从她的角度考虑问题时，我发现自己变得更加心平气和，解决问题时也更加有效率了。

我想，这就是"顺养"的力量吧。顺养不是溺爱，不是孩子想干什么就让他干什么。顺养的本质是父母先要放下自己的身段，全然地尊重孩子，从他们的角度去解读问题。

这就是我们的第二年，小D这只"小蜗牛"一直在努力、倔强地往前走，而且最近越走越快了。因为女儿，我变得更加积极：我通过健身换来了马甲线，通过阅读充实了自己的内心，通过化妆、保养让自己变得更加美丽和优雅。而要做到这些，我需要自制自律，需要有很强的执行力。我做这一切，都是用行动在告诉小D如何做人，如何做一个女人。而小D也在用她的行动告诉我什么是对生命的尊重和敬畏，什么是"踏实"和"努力"，什么是"坚韧"和"不放弃"，从而潜移默化地影响着我的生命。

最后，我想用一首小诗来表达我与小D的这场母女之情。

我想，所谓母女一场，
最好的关系莫过于此，
你慢慢长大，我优雅变老，
你我互相滋养着彼此的生命。
直到有一天，
你和我挥手告别，
我目送你远去。
但我们都知道，
你的身体里保留着我的烙印，
我的生命里有你的片段。

以爱之名——"超级奶爸"是怎样炼成的

小D刚一出生，大J就开始看各种育儿书籍。我也不甘落后，开始关注各种育儿论坛，阅读育儿书籍。但是我发现，有太多的文章讨论如何调整妈妈的心态，对爸爸这个很重要的角色却只字不提，甚至还有某个早产妈妈论坛谢绝男士加入。网上还有一个传言："妈妈生，外婆养，爸爸回家就上网。"现在，两年的时间过去了，我可以很自豪地说，我除了会上网以外，还会做很多育儿方面的事情。想知道我这个"超级奶爸"是如何炼成的吗？

聪明地分担妈妈的工作

小D刚出院那段时间，大J几乎包揽了所有的事情，因为她不放心，觉得我帮不上忙。结果她越来越忙，我也越来越达不到她的标准。后来我和大J坐下来做了一项关于日常带孩子的价值流分析[1]。

---

[1]　这是小D爸爸在工作中用到的一种工具，用来区分哪些工作是value added（有附加价值的）、哪些是 non-value added but necessary（没有价值但不得不做的）、哪些是waste（没有任何价值的）。

我们把一天当中需要为小D做的所有事情都罗列出来，一起讨论哪些是必须由大J做，而且对小D来说是增值的（比如给小D读绘本，做康复等）；哪些是大J不必做但又不得不做的（比如洗奶瓶、倒垃圾等）；哪些是既不增值也不必需的（比如重新布局家居，以减少来回跑动的时间，把需要的东西变得触手可及等）。然后，大J的任务就是做那些必须由她来完成且对小D最重要的事情，而我会在上班之前和下班之后去做那些不增值但又必须做的事情，来缓解大J每天的压力。

技能get——转变思想，能力不强意愿补，有了意愿，就更容易进入角色。

设置Daddy's Day（父女日）

自从有了小D，我每次都跟同事说："After having a baby, working days are my weekends, and business trip is my vacation.（自从有了宝宝，工作日对我来说就是周末，出差对我来说就是休假。）"然而对于全职妈妈而言，每天都是工作日，而且全年无休。

为此，我和大J约定，每个周末将其中一天设置为Daddy's Day。这一整天，大J可以完全不用照顾小D，去过"单身生活"，去跑步、练瑜伽、逛街、约朋友吃饭等。当然，前提是大J必须接受周末的小D邋遢一点儿，辅食吃得少一点儿，家里乱一点儿。但收获的却是精神满满、心情大好的妈妈。Happy Mom, Happy Baby。妈妈快乐，宝宝才快乐，这对小D是非常有益的。而从我的角度来看，通过Daddy's Day，我更能体会大J作为全职妈妈的艰辛，同时也可以享受一段父女的亲密时光。

技能get——经过一段完全没有退路的父女时光，我才发现，以前那些我觉得无法胜任的事情，其实完全可以做到。态度决定能力。

陪伴质量远比陪伴时间更重要

由于工作原因，我时常需要出差。平时即使不出差，我看到小D的时间也是有限的。以至于每次我看到小D都会惊呼她的进步之大，大J就会在旁边冷冷地说："好像她不是你的孩子一样，你怎么什么都不知道。"

后来我想，既然我陪伴小D的时间有限，那我就尽力在有限的时间内更专心地陪她玩、陪她疯。在出差期间，我每天都在固定的时间跟小D视频，给小D读她最喜欢的绘本，或者唱歌给小D听，而大J会在屏幕那边和小D一起做手势来呼应我。虽然每次只有10~15分钟的时间，却是一段特别亲密的家庭时光。

技能get——如果我每天只有1个小时用来陪伴小D，这1小时只占我一天的1/24，但对小D来说，这却是爸爸陪她的100%。既然这样，我还有什么理由在陪她的时候玩手机、想工作呢？

如今我这个奶爸已经上岗两年多了，我有时会想，如果我能钻到小D的脑子里，问她爸爸是什么？我猜小D的答案是，爸爸是个大玩具。小D每次看到我，都会拿起我的手指来回端详，然后冷不丁地放进嘴里啃起来；她还会含情脉脉地看着我，用手轻轻摸着我的脸，突然抢走我的眼镜；当我把她高高举起时，她会咯咯大笑，接着一注口水就流到了我的脸上……

我也许永远无法做到像大J一样细致入微地照顾小D，但我时刻明白，爸爸在孩子心中具有不可替代的作用。我在成为奶爸的路上努力着，并且会继续努力下去。当小D第一次对着我叫"爸爸"时，我就深深地意识到，"超级奶爸"不是负担，而是一份甜蜜的责任。

小D爸爸